AI赋能

Mastercam

创意设计与数控加工

（Mastercam 2024）（视频教学版）

刘建华 戚晓艳 编著

人民邮电出版社

北京

图书在版编目（CIP）数据

AI 赋能 Mastercam 创意设计与数控加工：Mastercam 2024：视频教学版 / 刘建华，戚晓艳编著. -- 北京：人民邮电出版社，2025. -- （AI 驱动创意制造与设计）.
ISBN 978-7-115-65875-3

Ⅰ. TG659-39

中国国家版本馆 CIP 数据核字第 20251W7B90 号

内 容 提 要

本书在介绍 Mastercam 2024 的基本设计和数控加工功能的基础上，重点探讨人工智能（Artificial Intelligence，AI）技术如何辅助 Mastercam 提升设计、加工的效率和质量，全面介绍 Mastercam 2D 平面铣削加工、3D 曲面和多轴铣削加工、钻削加工、车削加工、线切割加工以及机床仿真与后处理的功能和实用案例。

本书内容图文并茂，讲解层次分明、重点突出，且技巧独特，特别适用于工程设计、数控加工、模具设计领域的专业人员以及一线加工操作人员，同时也适合相关专业的学生学习。此外，本书还可以作为加工制造及设计爱好者的参考书。

◆ 编　著　刘建华　戚晓艳
　　责任编辑　李永涛
　　责任印制　王　郁　胡　南
◆ 人民邮电出版社出版发行　北京市丰台区成寿寺路 11 号
　　邮编 100164　电子邮件 315@ptpress.com.cn
　　网址　https://www.ptpress.com.cn
　　临西县阅读时光印刷有限公司印刷
◆ 开本：700×1000　1/16
　　印张：13　　　　　　　2025 年 4 月第 1 版
　　字数：262 千字　　　　2025 年 4 月河北第 1 次印刷

定价：69.90 元

读者服务热线：(010)81055410　印装质量热线：(010)81055316
反盗版热线：(010)81055315

前言

随着 AI 技术的不断进步，Mastercam 作为 CAD/CAM 领域的重要代表，也在积极探索如何利用 AI 技术来提升模型设计和加工路径规划的效率与质量。在模型设计方面，AI 算法可以自动识别几何特征，辅助用户快速建立 3D 模型；基于历史模型库的智能推荐，可以提升设计效率；而基于仿真的智能优化，则可以提高模型的质量。在加工路径规划方面，强化学习算法可以优化加工路径，减少加工时间和刀具磨损；基于历史数据的智能推荐，可以优化加工方案；通过实时监测和自动调整加工参数，可以提高加工过程的稳定性。

此外，AI 技术还可以应用于 Mastercam 的故障诊断和智能优化领域。利用深度学习算法进行故障模式识别，并结合专家经验和知识，为故障诊断提供推荐，可以帮助维修人员快速定位和解决问题。基于多目标优化算法，能够在生产效率、加工品质和能耗之间达成平衡。

全书共 7 章，各章内容简要介绍如下。

- 第 1 章：介绍 Mastercam 的基础入门功能，初步探讨 Mastercam 2024 中 AI 辅助编程的方法。
- 第 2 章：主要介绍在 Mastercam 中，AI 如何帮助用户更快速地创建复杂模型、优化刀路或者重新设计以满足特定需求。
- 第 3 章：详细介绍如何利用 AI 来辅助 Mastercam 加工工艺的设计，并结合案例说明 AI 在提高加工效率、降低成本、提高数控编程等方面的潜力。
- 第 4 章：介绍如何利用 AI 技术辅助 2D 平面铣削加工，如何通过对加工过程进行优化来提高加工效率和加工质量。
- 第 5 章：介绍 3D 曲面铣削和多轴铣削加工的类型以及 AI 工具在各种类型中的实际应用。
- 第 6 章：介绍 AI 结合 Mastercam 进行钻削加工、车削加工、线切割加工等实际应用。
- 第 7 章：介绍 Mastercam 机床仿真和 NC 代码的后处理输出的操作流程以及加工报表的生成。

前言

本书力求全面、深入和实用，为广大 Mastercam 用户提供有价值的 AI 技术应用指导，助力制造业向智能化转型。

本书既可以作为高等院校机械 CAD、模具设计与数控编程加工等专业的教材，也可以作为对制造行业有浓厚兴趣的读者的自学教程。

感谢您选择了本书，希望我们的努力对您的工作和学习有所帮助。由于作者水平有限，加之时间仓促，书中不足在所难免，恳请各位朋友和专家批评指正！联系邮箱：shejizhimen@163.com。

编者

2024 年 10 月

资源与支持

资源获取

本书提供如下资源。
- 本书思维导图。
- 异步社区7天VIP会员。
- 本书实例的素材文件、结果文件及实例操作的视频教学文件。

要获得以上资源,您可以扫描右侧二维码,根据指引领取。

提交勘误

作者和编辑尽最大努力来确保书中内容的准确性,但难免会存在疏漏。欢迎您将发现的问题反馈给我们,帮助我们提升图书的质量。

当您发现错误时,请登录异步社区(https://www.epubit.com),按书名搜索,进入本书页面,单击"发表勘误",输入勘误信息,单击"提交勘误"按钮即可(见下图)。本书的作者和编辑会对您提交的勘误进行审核,确认并接受后,您将获赠异步社区的100积分。积分可用于在异步社区兑换优惠券、样书或奖品。

资源与支持

与我们联系

我们的联系邮箱是 liyongtao@ptpress.com.cn。

如果您对本书有任何疑问或建议,请您发邮件给我们,并请在邮件标题中注明本书书名,以便我们更高效地做出反馈。

如果您有兴趣出版图书、录制教学视频,或者参与图书翻译、技术审校等工作,可以发邮件给我们。

如果您所在的学校、培训机构或企业想批量购买本书或异步社区出版的其他图书,也可以发邮件给我们。

如果您在网上发现有针对异步社区出品图书的各种形式的盗版行为,包括对图书全部或部分内容的非授权传播,请您将怀疑有侵权行为的链接发邮件给我们。您的这一举动是对作者权益的保护,也是我们持续为您提供有价值的内容的动力之源。

关于异步社区和异步图书

"异步社区"(www.epubit.com)是由人民邮电出版社创办的IT专业图书社区,于2015年8月上线运营,致力于优质内容的出版和分享,为读者提供高品质的学习内容,为作译者提供专业的出版服务,实现作译者与读者在线交流互动,以及传统出版与数字出版的融合发展。

"异步图书"是异步社区策划出版的精品IT图书的品牌,依托于人民邮电出版社在计算机图书领域40多年的发展与积淀。异步图书面向IT行业以及各行业使用IT的用户。

目录

第 1 章　Mastercam 与 AI 辅助编程入门　001

1.1　Mastercam 2024 基本操作　001
  1.1.1　熟悉 Mastercam 2024 的界面环境　001
  1.1.2　管理器的操作　003
  1.1.3　视图的操作　004
  1.1.4　层别（图层）管理的操作　007
  1.1.5　绘图平面与坐标系的操作　009
1.2　AI 概述　017
  1.2.1　AI 的主要内容　018
  1.2.2　AI 在 Mastercam 中的应用　018
  1.2.3　AI 辅助工具　019

第 2 章　AI 辅助参数化建模　022

2.1　AI 与 Mastercam 的集成　022
  2.1.1　Mastercam 脚本程序及其作用　022
  2.1.2　ChatGPT　022
2.2　运行 Mastercam 的加载项设计图形　024
  2.2.1　内置加载项的应用　024
  2.2.2　第三方加载项的获取　028
  2.2.3　用户自定义加载项　029
2.3　AI 辅助 Mastercam Code Expert 脚本设计　029
2.4　AI 生态系统——ZOO　036

第 3 章　AI 辅助加工工艺设计　040

3.1　Mastercam 加工类型　040
3.2　Mastercam 加工工艺设置　042
  3.2.1　设置加工刀具　042
  3.2.2　设置加工工件（毛坯）　047
  3.2.3　2D 铣削通用加工参数设置　047
  3.2.4　3D 铣削通用加工参数设置　053
3.3　AI 辅助加工工艺设计应用案例　056
  3.3.1　AI 辅助加工工艺设计概述　057
  3.3.2　利用 AI 工具进行加工工艺分析与制定　058

第 4 章　AI 辅助 2D 平面铣削加工　　066

- 4.1　2D 铣削加工介绍　066
  - 4.1.1　面铣加工　067
  - 4.1.2　2D 挖槽加工　073
  - 4.1.3　外形铣削加工　080
- 4.2　AI 辅助 2D 铣削加工　084
  - 4.2.1　AI 生成 2D 铣削加工代码　084
  - 4.2.2　CAM AI 自动化编程　100

第 5 章　AI 辅助 3D 曲面与多轴铣削加工　　110

- 5.1　3D 曲面铣削与多轴铣削加工介绍　110
  - 5.1.1　3D 曲面铣削加工　110
  - 5.1.2　多轴铣削加工　111
- 5.2　3D 曲面铣削和多轴铣削加工类型及案例　111
  - 5.2.1　粗切铣削类型及案例　112
  - 5.2.2　3D 精切铣削类型及案例　120
  - 5.2.3　多轴加工类型及案例　125
  - 5.2.4　叶片专家　131
- 5.3　AI 辅助 3D 曲面及多轴铣削加工　133
  - 5.3.1　AI 辅助编程工具——CAM Assist　133
  - 5.3.2　AI 辅助 3D 曲面铣削加工案例　139
  - 5.3.3　AI 辅助多轴铣削加工案例　144

第 6 章　AI 辅助其他类型铣削加工　　149

- 6.1　Mastercam 钻削加工方法　149
- 6.2　Mastercam 车削加工方法　155
  - 6.2.1　粗车　156
  - 6.2.2　精车　164
  - 6.2.3　车槽　165
  - 6.2.4　车端面和切断　168
- 6.3　Mastercam 线切割加工方法　171
  - 6.3.1　外形线切割加工　172
  - 6.3.2　无屑线切割　175
  - 6.3.3　4 轴线切割　175
- 6.4　AI 辅助其他类型铣削加工的应用　175
  - 6.4.1　AI 辅助其他类型铣削加工的应用简述　175
  - 6.4.2　AI 辅助钻削加工　178

第 7 章　Mastercam 机床仿真与后处理　　183

- 7.1　Mastercam 机床仿真　183
  - 7.1.1　机床设置　183
  - 7.1.2　仿真模拟　187
  - 7.1.3　机床模拟　190
- 7.2　NC 代码的后处理输出　192
  - 7.2.1　控制器定义　192
  - 7.2.2　机床定义　195
  - 7.2.3　NC 程序文件输出　197
- 7.3　生成加工报表　198

第 1 章 Mastercam 与 AI 辅助编程入门

随着科技的飞速进步，Mastercam 已巧妙融入 AI 技术，从而显著提升了编程效率，深度优化了工艺流程，并全面改善了加工质量。本章将引领读者探索 AI 在 Mastercam 编程领域的具体实践与应用。我们将系统介绍 Mastercam 2024 的基础入门功能，并初步剖析 Mastercam 2024 中 AI 辅助编程的创新方法，为读者揭开其神秘面纱。

1.1 Mastercam 2024 基本操作

Mastercam 2024 是一款功能强大的计算机辅助制造（CAM）软件，专为计算机数控编程和加工而设计。它提供了一系列模块和工具，使用户能够创建、编辑和优化数控编程，以便在 CNC 机床上加工零件。以下是 Mastercam 2024 的基本功能和特点。

- 多功能模块：包括多个模块，涵盖铣削、车削、线切割、雕刻等多种加工类型，以满足各种制造需求。
- CAD 功能：内置 CAD 设计工具，支持 2D 和 3D 设计，允许用户创建和编辑零件的几何形状。
- CAM 功能：提供了丰富的 CAM 功能，包括工具路径规划、刀路优化和加工策略设计等。
- 工艺优化：允许用户优化工艺和加工过程，以确保最佳的切削方法和最高效率。
- 仿真和验证：具备仿真功能，可以模拟数控机床的行为，帮助用户验证程序并避免出错。
- 智能工具路径生成：利用先进的算法和策略智能生成工具路径，以提高加工效率。

1.1.1 熟悉 Mastercam 2024 的界面环境

为了满足用户需求，Mastercam 2024 通过融合简单易用的软件操作功能和智能化的工作流程，将用户的专业知识与先进技术相结合，致力于塑造智能化、数字化的未来工作模式，并助力企业实现数字化升级。

在系统桌面上双击软件图标 , 弹出软件启动界面, 如图 1-1 所示。

程序检查完毕后显示 Mastercam 2024 软件的界面, 该界面包括快速访问工具栏、功能区、信息提示栏、管理器面板、选择条、绘图区等组成元素, 如图 1-2 所示。

图 1-1

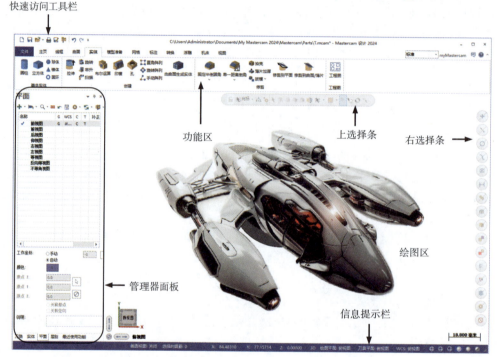

图 1-2

界面中各组成元素包含的内容如下。

- 快速访问工具栏:快速访问工具栏提供快捷操作命令,用户可以定制快速访问工具栏,将常用的命令放置在该工具栏中。
- 功能区:功能区集中了 Mastercam 2024 所有的设计与加工功能指令。根据设计需求不同,功能区中放置了从草图设计到视图控制的多个命令选项卡,如【主页】选项卡、【线框】选项卡、【曲面】选项卡、【实体】选项卡、【模型准备】选项卡、【标注】选项卡、【转换】选项卡、【机床】选项卡及【视图】选项卡等。
- 上选择条:上选择条中包含了用于快速、精确选择对象的辅助工具。
- 右选择条:右选择条中也包含了很多用于快速、精确选择对象的辅助工具。

1.1 Mastercam 2024 基本操作

- 管理器面板：管理器面板是用来管理实体建模、绘图平面创建、图层（层别）管理和刀路的面板。管理器面板可以折叠，也可以打开。在功能区中执行某一个操作指令后，会在管理器面板中显示该指令的面板。
- 信息提示栏：用来设置模型显示样式或更改视图方向和绘图平面的属性信息。
- 绘图区：绘图区是图形显示、操控及编辑区域，也是模型预览区。

1.1.2 管理器的操作

例如，当创建完实体模型后，【实体】管理器面板的特征树中会列出创建实体所需的特征及特征创建步骤，如图1-3所示。

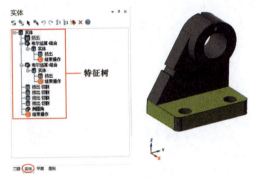

图 1-3

特征树顶部的选项用来操作特征树中的特征，各项操作介绍如下。

1. 在特征树中双击一个特征进行编辑后，在绘图区中选取整个模型，再单击【重新生成选择】按钮 ，会将特征编辑后的效果更新到整个模型，如图1-4所示。

图 1-4

> **提示：**【重新生成选择】功能适用于当前环境中包含多个实体模型的场景。具体而言，该功能的特征编辑操作仅针对所选实体模型生效。若当前环境中仅存在一个实体模型，则使用【重新生成选择】功能与直接使用【重新生成】功能所达到的效果完全一致。

2. 当对特征树中单个或多个特征进行编辑后，单击【重新生成】按钮 会直接将编辑后的效果更新到整个模型，无须到绘图区中选取模型对象。

> **提示**：【重新生成】功能适用于当前环境中只有一个实体模型的场景。

3. 如果在特征树中不容易找到要编辑的特征，可单击【选择】按钮，然后在模型中直接选取要编辑的特征面，此时会将选取的特征面反馈到特征树中，且该特征高亮显示。

4. 单击【选择全部】按钮，会自动选中特征树中所有的特征。

5. 单击【撤销】按钮，会撤销前一步的特征编辑操作。

6. 单击【重做】按钮，会恢复前一步的特征编辑操作。

7. 单击【折叠选择】按钮，会折叠特征树中所有展开的特征细节。

8. 单击【展开选择】按钮，会展开特征树中所有折叠的特征细节。

9. 在特征树中选取要编辑的特征，再单击【自动高亮】按钮，可在模型中高亮显示此特征，如图1-5所示。

10. 在特征树中选择要删除的特征，单击【删除】按钮，即可立即删除该特征。

11. 单击【帮助】按钮，将跳转到帮助文档（英文帮助文档）中介绍【实体】管理器面板的页面中，如图1-6所示。

12. 在特征树中右击某个特征，会弹出快捷菜单，如图1-7所示。通过该快捷菜单，可以执行相关的实体、建模及特征树操作等命令。

图 1-5

图 1-6

图 1-7

> **提示**：管理器中的操作面板（如【实体】面板、【平面】面板等），可以通过【视图】选项卡的【管理】面板中的各管理工具来显示或关闭。

1.1.3 视图的操作

视图的缩放、旋转与平移操作能让设计者通过不同的角度观察到模型的整体与细节情况。视图可以通过【缩放】面板中的工具来操作，也可以通过快捷键来操作。

一、缩放视图操作

视图的缩放分为定向缩放和自由缩放。定向缩放需使用【视图】选项卡的【缩放】面板中的视图操控工具来完成。自由缩放则使用鼠标来完成。

1. 单击【适度化】按钮 ⌗，会在视图中最大化地完整显示模型，如图 1-8 所示。

图 1-8

2. 在视图中选取某一个实体图素，然后单击【指定缩放】按钮 ❊，会将实体图素最大化显示在视图窗口中，如图 1-9 所示。

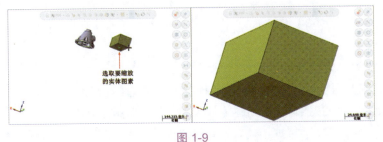

图 1-9

> ↘ **提示**：图素是指图形元素，也叫图元，是建模环境中的几何图形对象。图素包括点、曲线、曲面、几何图形（线框）、尺寸标注、特征、实体模型、群组、平面和坐标系等。

3. 单击【窗口放大】 ▢ 按钮，然后在想要局部放大的位置绘制一个矩形区域，系统会通过绘制的矩形区域来按比例放大视图，如图 1-10 所示。

图 1-10

4. 单击【缩小 50%】按钮 ❊，视图将缩小至原来的一半，如图 1-11 所示。

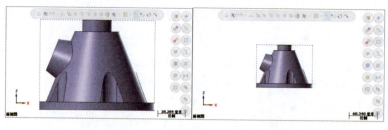

图 1-11

5. 单击【缩小图形80%】按钮 🔍，会将视图缩小至原来的80%，如图1-12所示。

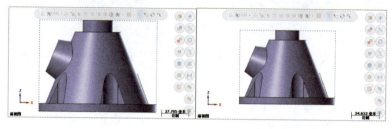

图 1-12

6. 滚动鼠标中键（滚轮），可以自由缩放视图。视图缩放的基点就是鼠标指针所在位置。

二、视图的旋转与平移操作

视图的旋转分为环绕和自由翻转两种。另外，在【屏幕视图】面板中，使用【旋转】工具 也可以按照自定义的旋转角度绕指定的坐标轴旋转。

1. 按下Ctrl+鼠标中键，视图将在绘图平面内环绕屏幕（视图窗口）中心点旋转，如图1-13所示。

2. 按下鼠标中键可以自由翻转视图，默认的旋转中心点也是屏幕中心点。如果需要自定义旋转中心点，可以将鼠标指针放置于将作为旋转中心点的位置处，按下鼠标中键停留数秒，即可在新旋转中心点位置自由翻转视图，如图1-14所示。

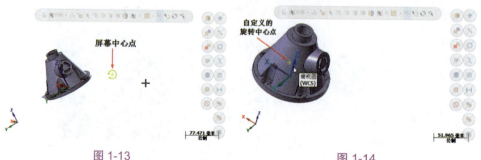

图 1-13　　　　　　　　　　　图 1-14

3. 在【屏幕视图】面板中单击【旋转】按钮 ，弹出【旋转平面】对话框。在对话框的【相对于 Y】文本框中输入"90"（软件自动补齐小数位），单击【确定】按钮，视图会绕 Y 轴旋转 $90°$，如图 1-15 所示。

图 1-15

4. 关于视图旋转的控制和鼠标中键的作用，可以在【系统配置】对话框中进行设置。在【文件】菜单中执行【配置】命令，会打开【系统配置】对话框，如图 1-16 所示。

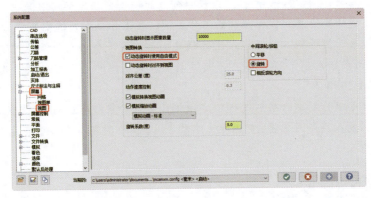

图 1-16

1.1.4 层别（图层）管理的操作

层别是 Mastercam 向用户提供的一个管理图形对象的工具。用户可以根据层别对图形、填充、文字、标注等对象进行归类处理。使用层别管理不仅能使图形对象的各种信息清晰、有序，便于观察，而且也会给图形的编辑、修改和输出带来很大的方便。层别相当于传统图纸绘制中多层图纸重叠，如图 1-17 所示。

> **提示**：无论是何种平面软件或三维设计软件，都有"层别"这种系统工具。只不过在其他软件中，层别被称为"图层"。

层别的作用不仅于此，在设计模具时，可用来分层管理构成模具的各组成结构和模具系统。Mastercam 的层别创建与管理工具集中在【层别】管理器面板中，如图 1-18 所示。

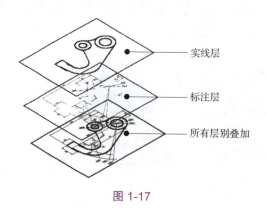 

图 1-17　　　　　　　　　　　　　图 1-18

一、创建与使用层别

在【层别】管理器面板中，默认层别与新建的层别都在层别列表中显示。

1. 在激活的层别前显示 ✔，表示后续创建的模型将在此层别中保存。

2. 若要选择其他层别作为当前的工作层别，在【号码】列选中某个层别即可。

3. 一般来讲，绘制二维线框或设计模具，都需要多个层别来管理对象。在工具栏中单击【添加新层别】按钮 ➕，会新建层别，且新建的层别自动激活为当前工作层别，如图 1-19 所示。

4. 用户可以为创建的层别进行命名，便于管理对象。在层别属性选项中的【名称】文本框内输入层名，在层别列表的【名称】列中会即时显示输入的层名，如图 1-20 所示。

图 1-19　　　　　　　　　　　　　图 1-20

二、将图素转移到层别（分层）

如果在进行绘图或模具设计前没有建立层别，那么所创建的图素对象将默认保存在仅有的层别 1 中。为了便于管理不同的图素对象，需要进行分层操作，具体操作步骤如下。

1. 在默认的层别 1 中绘制图 1-21 所示的图形。

2. 在绘图区中选中圆（粗实线）。

3. 在【主页】选项卡的【规划】面板中单击【更改层别】按钮，弹出【更改层别】对话框，如图1-22所示。【更改层别】对话框中的选项介绍如下。

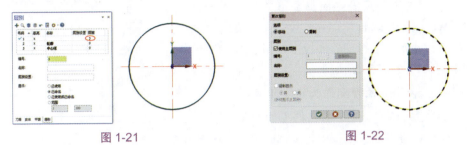

图 1-21　　　　　　　　　　　　图 1-22

- 移动：选中此单选项，会将选取的图素移动到其他层别。
- 复制：选中此单选项，会将选取的图素复制到其他层别，且保留原图素。
- 使用主层别：勾选此复选框，选取的图素会移动到当前工作层别。
- 编号：取消【使用主层别】复选框的勾选，输入要转移的层别号码。如输入"2"并按Enter键，会将图素移动到层别2中。
- 选择：也可以单击【选择】按钮，在弹出的【选择层别】对话框中选择要转移的层别，如图1-23所示。
- 名称：在文本框内可以输入层别的新名称。
- 层别设置：用来描述层别的用途。也可以在层别属性选项中设置。
- 强制显示：控制层别中的图素是否强制显示。选中【开】单选项，将强制显示；选中【关】单选项，将关闭所有层别中图素的显示。要想让关闭的图素重新显示，需要在【层别】管理器面板底部的层别属性选项中输入图素所在的层别号"1"，按Enter键确认。

4. 单击【更改层别】对话框中的【确定】按钮，选取的圆被转移到层别2中，如图1-24所示。同理，可将中心线转移到层别3中。

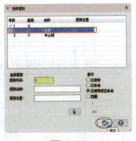　　　　　

图 1-23　　　　　　　　　　　　图 1-24

1.1.5　绘图平面与坐标系的操作

在Mastercam中绘制图形或是创建模型特征时，需要建立平面参考与坐标系参考，用作草图放置、视图定向、矢量参考、特征定位及定形参考。这个平面参考被称为"绘图平面"或"平面"。所有平面都是相对于工作坐标系（Work Coordinate System，WCS）定义的。

通过【平面】管理器面板可以创建或操作绘图平面，如图1-25所示。

一、利用基本视图作为绘图平面

通常情况下，在三维软件（如UG、Creo、SolidWorks等）建模过程中，会把6个基本视图所在的平面（Masercam中简称为"视图平面"）作为绘图平面进行操作，这6个基本视图平面也可称之为"基准面"或"基准平面"。

图 1-25

（1）绘图平面列表。

绘图平面列表中列出了所有可用的绘图平面，如图1-26所示。

图 1-26

1.【名称】列是所有默认的绘图平面或自定义绘图平面的名称。自定义的绘图平面的名称可以重命名。

2. 有"G"标记说明当前平面不仅是绘图平面，还被指定为视图平面（Gview）。如果是自定义的绘图平面，在绘图区中右击坐标系并选择【屏幕视图】命令，可定向到自定义的绘图平面视图，如图1-27所示。

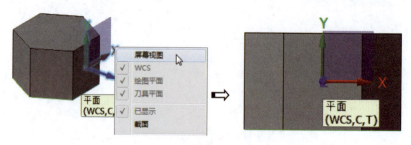

图 1-27

3.【WCS】列用来确定所选平面是否对齐到WCS。在此列中任意单击某一视图

1.1 Mastercam 2024 基本操作

平面行，可将该视图平面设为绘图平面并对齐到 WCS。

4. 当指定某个视图平面为当前绘图平面（Cplane）时，该视图平面会显示"C"标记。未定义为绘图平面的平面，是不会显示此标记的。在标记旁单击 ▲ 按钮，可将作为绘图平面的视图平面自动排序到第一行。

5. "T"标记表示当前平面是工具平面（Tplane），即刀具加工的二维平面（CNC 机床的 XOY 平面）。

6. 【补正】列显示在平面属性选项中手动设定的加工坐标的补正值，如图 1-28 所示。"补正"与"偏移"同义。

7. 【显示】列显示的"X"标记，表示在绘图区中与绘图平面对齐的坐标系（指针）已经显示。如果没有显示坐标系，那么【显示】列将不会显示"X"标记。

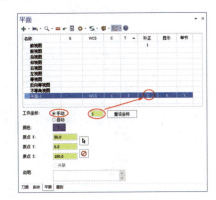

图 1-28

8. 【单节】列中显示的"X"标记，表示当前绘图平面已作为截面，可以创建截面视图。反之，没有此标记则说明当前绘图平面没有被设定为"截面"。

（2）平面工具栏。

在【平面】管理器面板的工具栏中的工具用来操作平面，各工具的操作方法如下。

1. 单击【创建新平面】按钮 ，展开创建新平面的命令列表。通过创建新平面的命令列表，可以指定任意的平面、模型表面、屏幕视图、图素法向等来创建绘图平面。

2. 单击【选择车削平面】按钮 ，展开车削平面的命令列表，如图 1-29 所示。根据列表中的车床坐标系可以选择或创建新平面。使用车床时，可以将施工计划定向为半径（X/Z）或直径（D/Z）坐标。

3. 单击【找到一个平面】按钮 ，展开找到一个平面的命令列表，如图 1-30 所示。从列表中选择选项可以寻找并高亮显示视图平面。此功能等同于在视图列表中手动选择视图平面。

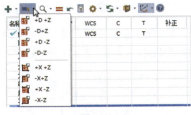

图 1-29

图 1-30

4. 单击【设置绘图平面】按钮，可以根据在视图列表所选的视图来设置绘图平面。

5. 单击【重设】按钮，将重新设置绘图平面。

6. 单击【隐藏平面属性】按钮，可以关闭或显示【平面】管理器面板下方的平面属性设置选项，如图1-31所示。

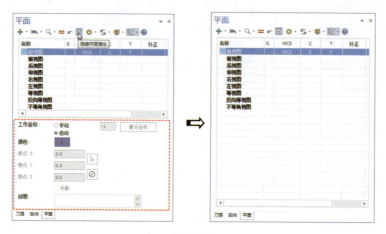

图 1-31

7. 单击【显示选项】按钮，可以显示【显示选项】下拉列表。【显示选项】下拉列表中的选项用来控制管理器面板中绘图平面的显示与隐藏，如图1-32所示。

8. 单击【跟随规则】按钮，可以显示【跟随规则】下拉列表。【跟随规则】下拉列表中的选项用来定义绘图平面与坐标系、绘图平面与视图之间的对齐规则，如图1-33所示。

图 1-32　　　　　　　　　　图 1-33

9. 单击【截面视图】按钮，可以显示【截面视图】下拉列表。【截面视图】下拉列表中的选项用于控制所建立截面视图的显示状态。截面就是剖切模型所用的平面，这里的剖切不是真正意义上的剖切，只是临时剖切后创建一个视图便于观察模型内部的情况。例如，在绘图平面列表中选择一个视图平面（选择右视图平面作为范例讲解），将其设为绘图平面；然后在绘图区选中坐标系并单击右键，在弹出的快捷菜单中选择【截面】命令，即可将右视图平面指定为截面；最后在【截面视图】

列表中选择【着色图素】与【显示罩盖】选项，再单击【截面视图】按钮 ，即可创建剖切视图并观察模型，如图1-34所示。

图 1-34

> **提示：** 坐标系的显示与隐藏，需要在【视图】选项卡的【显示】面板中单击【显示指针】按钮 ，或者在【平面】管理器面板的工具栏中展开【显示指针】列表，在列表中选中相关的指针显示选项即可。

10. 单击【显示指针】按钮 ，可以显示【显示指针】下拉列表。【显示指针】列表中的选项用于控制绘图区中是否显示工作坐标系。"指针"指的就是工作坐标系。

（3）视图平面的用法。

在【平面】管理器面板的绘图平面列表中，列出了6个基本视图和3个轴测视图。

视图平面在坐标系中以紫色平面表示，其作为绘图平面的基本用法如下（以俯视图平面为例）。

1. 在视图列表中选中俯视图平面。

2. 在【平面】管理器面板的工具栏（在绘图平面列表上方）中单击【设置绘图平面】按钮 ，或者在【俯视图】行、【WCS】列的表格中单击，将所选视图平面设为绘图平面。

3. 随后，俯视图的名称前面会显示 图标，这表示俯视图平面已经成为了绘图平面。

4. 在绘图区中，俯视图平面就是坐标系的 XY 平面，此时绘制的二维线框都将在俯视图平面中，如图1-35所示。

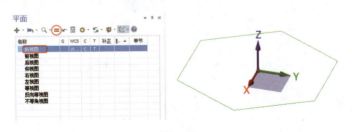

图 1-35

5. 同理，若选择其他视图平面作为绘图平面，也按此步骤进行操作即可。

二、新建绘图平面

除了绘图平面列表中的基本视图平面可以作为建模时的绘图平面，还可以使用【平面】管理器面板的工具栏中的【创建新平面】列表选项来创建自定义的绘图平面。

【平面】管理器面板中的【创建新平面】列表选项如图 1-36 所示，各选项介绍如下。

1. 单击【依照图形】按钮，可用所选的实体形状来定义绘图平面。一般情况下依照规则几何体来定义的绘图平面，默认为俯视图平面。

图 1-36

2. 单击【依照实体面】按钮，可根据用户所选的实体面（必须是平面）来创建绘图平面，如图 1-37 所示。选择实体面后，还可以调整坐标系的轴向。

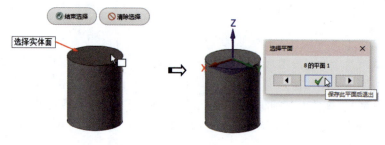

图 1-37

3. 单击【依照屏幕视图】按钮，可根据用户的实时屏幕视图来创建绘图平面，如图 1-38 所示。

图 1-38

1.1 Mastercam 2024 基本操作

4. 单击【依照图索法向】按钮，可根据所选曲线的所在平面和直线法向来定义绘图平面，如图1-39所示。

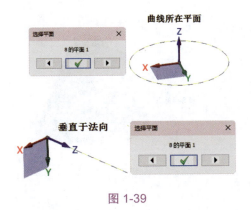

图 1-39

5. 单击【相对于WCS】按钮会弹出选项菜单，选项菜单中包含的6个选项，表示根据WCS中的6个视图平面来创建新的绘图平面。选择【相对于WCS】选项菜单中的选项可创建与视图平面有一定偏移量的绘图平面，也可在绘图平面列表中选择视图平面作为当前绘图平面。

6. 单击【快捷绘图平面】按钮，可选择实体平面来创建绘图平面，其作用与【依照实体面】类似，但不能调整坐标系的轴向。

7. 单击【动态】按钮，可通过用户定义新坐标系（包括原点与轴向）的 XY 平面来创建新绘图平面，如图1-40所示。

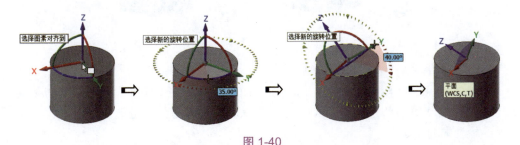

图 1-40

三、操作 WCS

WCS用于定位和确定绘图平面。坐标系包含原点、坐标平面和坐标轴。在Mastercam中，坐标系根据作用分为世界坐标系、建模坐标系和加工坐标系。其中建模坐标系和加工坐标系合称为WCS。

（1）世界坐标系。

世界坐标系是计算机系统自定义的计算基准，默认出现在屏幕中心。

1. 当WCS没有显示的时候，世界坐标系可供用户在建模时进行定向参考。世界坐标系在绘图区的左下角实时显示,是不能进行编辑与操作的,如图1-41所示。世界坐标系原点的坐标值为(0,0,0)。

图1-41

2. 在绘图区左下角单击世界坐标系,可以新建绘图平面,如图1-42所示。此操作的意义等同于在【平面】管理器面板的【创建新平面】列表中选择【动态】选项来创建绘图平面。

图1-42

(2)WCS。

WCS是用户在建模或数控加工时的设计基准。新建绘图平面的过程其实就是确定WCS的 *XY* 平面的过程。默认情况下,WCS与世界坐标系是重合的,图1-43所示为模型中的WCS。

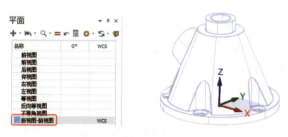

图1-43

1. WCS 是可以编辑（编辑其原点位置）和操作（可以旋转与平移）的，其原点位置在默认情况下与世界坐标系原点重合。当用户新建了绘图平面后，其 WCS 原点的位置是可以改变的，如图 1-44 所示。

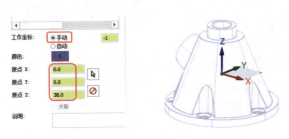

图 1-44

2. 若改变 WCS 原点的位置，可在【平面】管理器面板底部的平面属性选项中选中【手动】单选项，再在【原点 X】【原点 Y】【原点 Z】文本框中重新输入原点坐标值，并按 Enter 键确认。

（3）显示与隐藏坐标系。

在【视图】选项卡的【显示】面板中，【显示轴线】工具列表和【显示指针】工具列表中的工具用于控制坐标系的显示与关闭。

1. 轴线的显示可以帮助用户在建模或数控加工时快速地定位。按 F9 键可以开启或关闭轴线的显示。图 1-45 所示为显示的轴线。

2. 单击【显示指针】按钮，或按 Alt+F9 键，可以开启或关闭 WCS 的显示，如图 1-46 所示。

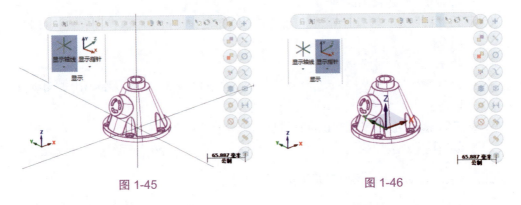

图 1-45　　　　　　　　　　　图 1-46

1.2　AI 概述

AI 是一个宽泛的领域，涵盖众多应用和技术，应用方面如图像和语音识别、医疗保健、自动驾驶等；技术方面如机器学习、自然语言处理等。这一领域的发展结合了计算机科学、统计学、数学等多个学科的知识。例如，ChatGPT 就是 AI 在对话系统中的应用，其利用特定的 AI 模型来进行自然语言处理并生成对话。AI 模型结合深度学习和自然语言处理技术，经过大数据量的训练，能够对用户输入做出合适的响应。其训练数据来自互联网上的众多文本资源，确保其深厚的知识储备和出色的语言处理能力。

随着技术的进步，AI 已经在各种设计领域中得到了广泛应用，包括加工制造、建筑装修、计算机辅助设计和其他领域。AI 辅助设计是指利用 AI 技术来增强设计能力、提升设计效率和改进设计方法。

1.2.1 AI 的主要内容

AI 涵盖众多不同的技术和应用。

在技术方面，AI 主要包括以下内容。

- 机器学习：包含多种算法，使计算机能够从数据中学习模式，从而做出预测或决策，而无须明确的编程指令。
- 深度学习：机器学习的分支之一，使用人工神经网络模拟人脑处理数据的方式，能够处理大量复杂的数据，并在图像识别、自然语言处理等领域表现出色。
- 强化学习：是一种机器学习技术，通过与环境的互动来学习，以达成旨在最大化预期回报的目标。
- 自然语言处理：研究计算机如何理解、处理和生成人类语言，例如语音识别、文本分析和机器翻译等。
- 计算机视觉：涉及计算机如何理解图像和视频，包括图像识别、目标检测、图像生成等。

在应用方面，AI 主要包括以下内容。

- 智能机器人：将 AI 技术应用于机器人，使其能够感知环境、做出决策和执行任务。
- 专家系统：使用专业知识进行推理和决策的计算机系统。
- 数据科学：应用统计学和计算机科学技术，挖掘、分析和理解数据的过程。

1.2.2 AI 在 Mastercam 中的应用

近年来，随着技术的进步，AI 在 Mastercam 中的应用也越来越广泛。以下是 AI 在 Mastercam 中的一些应用。

- 自动工具路径选择：AI 可以根据设计的几何形状和预定的制造参数自动选择最佳的工具路径。

- 自动工具选择：AI 可以根据材料类型、加工要求和机床能力自动推荐最佳的工具和工具参数。
- 预测和优化：AI 可以预测加工过程中可能出现的问题，如刀具磨损、振动等，并自动调整参数以优化加工效果。
- 模拟和验证：使用 AI 进行加工模拟，可以更准确地预测加工结果，减少试切次数和材料浪费。
- 自动特征识别：AI 可以自动识别 CAD 模型中的特定几何特征，如孔、凹槽、螺纹等，并自动生成相应的工具路径。
- 自适应加工：AI 可以实时监控加工过程，根据实际情况自动调整刀路和参数，以实现更高的加工效率和质量。
- 智能学习：AI 可以帮助 Mastercam 学习用户的操作习惯和偏好，为用户提供个性化的工具路径建议和优化建议。
- 故障诊断和预测：AI 可以实时监控机床的状态，预测和诊断可能出现的故障，提前提醒用户进行维护。
- 智能云平台：AI 可以分析 Mastercam 与云平台集成后的大量的加工数据，为用户提供更准确的加工建议和优化策略。
- 语音和图像识别：AI 可以识别用户的指令，自动执行相应的操作，让用户通过语音或图像与 Mastercam 交互。

1.2.3　AI 辅助工具

目前国内外针对行业应用而开发的 AI 模型主要有 5 种：文本聊天（或语音聊天）对话模型、文生图模型、图生图模型、文生 3D 模型及图生 3D 模型。这 5 种 AI 模型也被称为 AI 生成式模型。下面分别从 AI 语言聊天、AI 生成图像、AI 生成 3D 模型和工业应用 AI 模型 4 方面介绍 AI 辅助工具。

一、AI 语言聊天

截至本书成稿之日，用纯文本语言聊天的 AI 模型（此"模型"非三维软件中创建的 3D 模型）主要有 OpenAI 的 ChatGPT、阿里云的通义千问、百度的文心一言、腾讯的混元大模型、360 的 360 智脑等。

二、AI 生成图像

AI 生成图像功能是指使用 AI 技术特别是深度学习和生成对抗网络（Generative Adversarial Networks，GAN）等方法，生成逼真的图像。这些技术能够从头开始创建图像，模仿现实，或者改进、合成现有的图像。AI 生成图像功能在工业设计和制造领域应用前景非常广阔，可有效提升工作效率并减轻设计师的工作负担。

AI 语言聊天模型虽然也有文生图功能，但生成的都是比较基础的图像，图像精度和图像生成效果也不理想。所以许多 AI 模型公司单独开发出了强大的 AI 绘图功能，比如 DALL·E 3、Midjourney、通义万相、360 鸿图及其他小型 AI 绘图平台等。

除了上述这些通用的 AI 模型外，还有很多行业应用的 AI 模型，比如可以帮助建筑设计师生成建筑效果图的 Veras、V-Ray、LookX、Stable Diffusion 等 AI 模型，有帮助产品设计师生成效果图的 Vizcom 模型，有帮助插画设计师的 Playground AI 模型等。

三、AI 生成 3D 模型

通过 AI 生成 3D 模型是 AI 科技的重大进步之一，也是未来重要的发展方向。因为 AI 生成 3D 模型的难度极大，所以目前能够生成 3D 模型的 AI 智能工具还在不断进化过程中，得到的 3D 模型仅仅是表面模型，这种网格模型的表现效果和精度达不到实际设计标准，还得设计师进行后期处理。

截至本书成稿之日，能够生成 3D 模型的 AI 智能工具相对较少，主要有 Kaedim、ZoeDepth、CSM AI、Meshy 等。

图 1-47 所示为免费的 3D 模型生成工具 Meshy 的网页端 AI 界面。

图 1-47

四、工业应用 AI 模型

截至本书成稿之日，国内的工业应用 AI 模型中比较著名的有华为盘古大模型、百度 AI 大模型、通义 AI 大模型等。

工业应用 AI 模型不向个人用户开放，仅仅开放给企业用户。例如，华为盘古大模型是一个面向行业的系列大模型，具有 5+N+X 三层架构（见图 1-48）：从 AI 能力的基础层，到行业的第二层，再到应用层面向场景的各个接口。

1.2 AI 概述

图 1-48

- 第一层（L0）：是盘古的 5 个基础大模型，包括自然语言大模型、视觉大模型、多模态大模型、预测大模型、科学计算大模型，它们提供满足行业场景的多种技能。
- 第二层（L1）：是 N 个行业大模型，既可以提供使用行业公开数据训练的行业通用大模型，包括政务、金融、制造、矿山、气象等；也可以基于行业客户的自有数据，在盘古的 L0 和 L1 上，为客户训练自己的专有大模型。
- 第三层（L2）：是为客户提供更多细化场景的模型，更加专注于某个具体的应用场景或特定业务，为客户提供开箱即用的模型服务。

第 2 章 AI 辅助参数化建模

AI 技术被整合到 Mastercam 中，可帮助用户更快速地创建复杂模型、优化刀路，或者重新设计以满足特定需求。随着 AI 的不断发展，AI 在 Mastercam 中的应用范围也不断扩大。本章将重点介绍 AI 辅助参数化建模。

2.1 AI 与 Mastercam 的集成

在 Mastercam 建模设计中，可以利用 AI 生成脚本程序，以完成复杂的设计；也可以利用 AI 大模型生成产品生命全周期方案，以帮助用户提升产品设计能力和缩短生产周期；还可以利用 AI 模型生成产品效果图及 3D 模型，用于产品早期的概念设计。

2.1.1 Mastercam 脚本程序及其作用

Mastercam 的脚本程序主要用于工作流程的自动化和定制化，以提高生产效率和精确度。以下是 Mastercam 的脚本程序及所使用的程序语言。

- Mastercam 宏：Mastercam 支持使用宏（Macro）来自动执行一系列操作。宏是由一系列 Mastercam 命令和参数组成的脚本，可以用于自动创建几何图形、定义切削路径、设置工具和刀路、生成 G 代码等。Mastercam 宏使用自己的宏语言，该语言结构化且易于学习和使用。
- Visual Basic for Applications（VBA）：Mastercam 还支持使用 VBA 脚本编程。VBA 是一种通用的脚本语言，可以用于编写宏和自定义功能。用户可以使用 VBA 编写脚本来控制 Mastercam 的各种功能和操作，实现更高级的自动化和定制化。
- C# API：Mastercam 还提供了 C# 编程接口，允许用户使用 C# 编写插件和扩展程序，以增强 Mastercam 的功能。用户可以使用 C# API 编写代码来访问。

2.1.2 ChatGPT

ChatGPT 是美国 OpenAI 公司研发的一款基于 AI 模型的聊天机器人。用户可以与 ChatGPT 进行交互，如提问或发起对话。ChatGPT 会根据提问或对话内容生成合适的回答，也可以进行对话、回答问题、写作、编程帮助、提供建议等。

2.1 AI 与 Mastercam 的集成

> **提示**：并非只有 ChatGPT 才能应用于 Mastercam 的模型设计，其他 AI 模型也能实现类似功能。ChatGPT 是较早出现的 AI 模型，所以具有一定的代表性。

ChatGPT 在大量的文本数据上进行了预训练和微调，这使它具备了广泛的知识和很强的语言理解能力。虽然 ChatGPT 在许多场景下都表现得很好，但并不总是完美的。它有时会产生不准确或不相关的回答。

图 2-1 所示为网页版的 ChatGPT 交互式界面。

图 2-1

ChatGPT 作为一个功能强大的 AI 助手，可以在 Mastercam 的学习、使用、编程等多个环节为用户提供智能支持，以提高效率、解决问题。随着技术的不断发展，ChatGPT 在 CAD/CAM 领域拥有广阔的应用前景。ChatGPT 可以在多个方面协助 Mastercam 的使用和学习。

- 回答 Mastercam 的相关问题：用户可以向 ChatGPT 提出有关 Mastercam 的功能、工具、设置等方面的问题，并能获得快速、准确的解答。
- 提供操作指导：ChatGPT 可以根据用户的需求，提供 Mastercam 的操作步骤和流程指导，帮助初学者更快上手。
- 分享使用技巧：通过总结 Mastercam 的使用技巧，ChatGPT 可以向用户分享各种提高效率、优化加工的实用技巧。
- 协助编程：用户将加工需求告知 ChatGPT，可以获得 Mastercam 编程方面的建议和示例代码，从而简化编程过程。
- 解释术语概念：对于 Mastercam 中的专业术语和概念，ChatGPT 可以给出通俗易懂的解释，帮助用户更好地理解软件。

- 支持多语言：ChatGPT 支持多种语言，可以为全球不同语言的 Mastercam 用户提供支持和帮助。
- 持续学习更新：ChatGPT 可以不断学习和积累 Mastercam 相关的新知识，为用户提供最新的信息和解决方案。
- 个性化辅助：ChatGPT 可以根据用户的提问方式和关注点，提供个性化的交流和辅助，以提升学习体验。

2.2 运行 Mastercam 的加载项设计图形

Mastercam 的加载项（也是插件）是指可添加到 Mastercam 主程序中以扩展其功能的软件组件。这些加载项可以提供特定的功能，比如高级工具路径选项、仿真能力、专业的加工策略等，以适应不同用户的特定需求。

Mastercam 的加载项可以由个人用户、Mastercam 经销商、第三方应用程序开发商或 Mastercam 软件厂商创建，主要分为内置加载项（即系统自带的插件）和第三方加载项。

2.2.1 内置加载项的应用

Mastercam 的内置加载项可以做以下功能扩展。
- 多轴加工：专为复杂的多轴加工任务设计的加载项，能够生成复杂形状的工具路径。
- 固体和曲面建模：提高 Mastercam 中三维模型创建和编辑能力的加载项。
- 模拟和验证：用于模拟和验证切削过程的加载项，以确保工具路径的正确性和高效性。
- 产品数据管理：管理工程数据和工作流程的加载项，确保项目数据的一致性和安全性。
- 特定应用程序：针对特定行业或应用（如木工、牙科或珠宝设计）定制的加载项，可以提供专业的工具和功能。

Mastercam 内置加载项及其描述见表 2-1。

表 2-1

内置加载项	描述
外部数据转换	
DXFRescuer（DXF 文件转换）	从 AutoCAD 加载和转换非标准 DXF 数据
MCDigitize（MC 数字化）	从数字化设备（如平板计算机）输入点、线和样条曲线

续表

内置加载项	描述
外部数据转换	
Prob2Spl	将 3D (*XYZ*)、5D (*XYZ AB*) 或 8D (*XYZ AB UVW*) 探针中心数据转换为样条线。常用于使用三坐标测量仪进行扫描的逆向工程
线框几何形状	
ArcMultiEdit（多圆弧编辑）	同时将多个不同大小的圆弧调整为半径、偏移及比例均相同的圆弧
Asphere（非球面几何曲线）	可创建非球面的几何曲线，如双曲线、抛物线、椭圆曲线、圆锥曲线等
BreakCircles（打断圆）	将圆打断成多段圆弧
FindOverlap（重叠检查）	查找并删除重叠实体
Fplot（方程式图形）	通过输入数学方程式来绘制图形
Gear（齿轮）	创建渐开线外齿轮或内齿轮图形，可以绘制一颗齿的图形或所有齿的图形
GridPock（网格填充）	用点或圆填充型腔内的面，或沿型腔的边界来绘制点
MedialAxis（中轴）	在封闭型腔边界的中轴上生成几何图形
Pts2Arcs（按点绘圆）	围绕所有选定点创建圆
SortCircles（排序圆）	对零件中的所有圆进行排序，首先按大小排序，然后按视图排序
Sprocket（链轮）	创建链轮的几何形状
Txtchain（文本链）	在直线、曲线和其他几何实体上创建单行文本
vHelix（平面螺旋线）	创建具有可变螺距的平面螺旋曲线
zSpiral（三维螺旋线）	创建具有特定高度和直径的三维螺旋曲线
曲面和实体	
ConsToSpline（参数样条线）	将曲面、曲线转换为参数样条曲线
CoonsSurf（网格曲面）	从曲线网格创建曲面，也称为 Coons 曲面
CreateBoundary（边界曲线）	基于曲面、实体或实体面创建边界曲线。可用作加工区域
CreateFillets（曲面圆角）	在曲面和实体相交处创建圆角
FlattenSurf（曲面平面化）	将三维曲面（非平面）生成平面
Map（映射曲线）	将曲线从一个曲面映射到另一个曲面
Rev2Rev（U/V 面片转曲面）	根据指定数量的 U/V 面片将曲面转换为新曲面
STLHeal（STL 间隙修复）	修复 STL 文件中的间隙

续表

内置加载项	描述
刀路实用程序	
AgieReg	为 AgieVision 插件（用于电火花加工的增强插件）提供数据输入
Arc3D（曲线拟合）	在刀路操作中，将线性移动转换为 2D 或 3D 弧线移动
Automatic Toolpathing (ATP)（自动刀路）	导入零件文件，自动将刀路分配给几何体并嵌套刀路。通常用于机柜应用。这是 Mastercam 附加组件
Comp3D（表面补正）	将表面补正矢量添加到 3 轴表面刀路，以支持具有 3D 刀具补正的机器控制
Rolldie（创建绕轴刀路）	围绕旋转轴创建刀路
ThreadC（优化螺纹加工）	提供一系列工具和功能，在 Mastercam 环境中创建、编辑和优化螺纹加工路径
后处理器、机器定义、控制定义	
MPBin（PST 文档加密）	使用 MPBin 实用程序对后处理器（.pst 或 .mcpost）或设置表（.set）文件的全部或部分进行加密。这可以让经销商和文档开发者保护他们的文档不被未经授权的用户编辑或查看。通常称为"合并"文档
UpdatePost（更新后处理器）	将后处理器从早期版本的 Mastercam 升级到当前版本
SteadyRest（定义组件边界）	定义车床的现有加工中心组件的边界
MD_CD_PST_Rename（重命名）	重命名后处理器、机器定义和控制定义
屏幕和视图	
BlankDuplicates（清理重复项）	找到重复的实体并将其清空，不是删除
Metafile（保存图元文件）	将图形窗口的内容保存到 .emf 文件
3D Annotation Finder（3D 注释查找器）	找到与选定几何体关联的 3D 注释
支持实用程序	
Control Definition Compare（控制定义比较）	比较两个控件的定义（或其后文）并突出显示差异

【例 2-1】绘制链轮图形。

在这个练习中，我们将通过内置加载项的应用程序文件来绘制链轮图形。

1. 启动 Mastercam 2024 进入工作环境。

2. 在【主页】选项卡的【加载项】面板中单击【运行加载项】按钮，弹出【打开】对话框。

3. 此时系统会自动进入存放 Mastercam 加载项文件的路径中，选择 Sprocket.dll

2.2 运行 Mastercam 的加载项设计图形

文件并单击【打开】按钮，如图 2-2 所示。

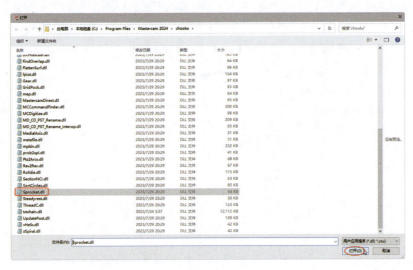

图 2-2

4. 随后自动弹出【链轮】对话框，并在图形区显示图形预览，如图 2-3 所示。

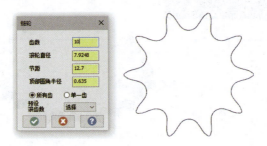

图 2-3

5. 在【链轮】对话框中设置好链轮参数及选项后，单击【确定】按钮 完成链轮图形的绘制，如图 2-4 所示。

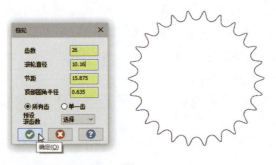

图 2-4

027

6. 在【实体】选项卡中单击【拉伸】按钮，弹出【线框串连】对话框，单击【串连】按钮，将【选择方式】定为【串连】，如图2-5所示。

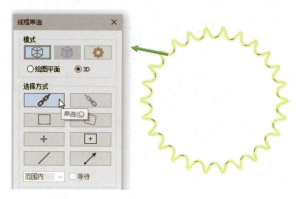

图 2-5

7. 在【实体拉伸】面板中输入拉伸距离为10（默认单位为mm），最后单击【确定】按钮完成链轮模型的创建，如图2-6所示。

图 2-6

2.2.2 第三方加载项的获取

用户可以通过以下几种渠道获取 Mastercam 的第三方加载项。

一、Mastercam 官方网站

（1）访问 Mastercam 官方网站。

（2）进入【Solutions】（解决方案）/【3rd Party Add-Ons】（第三方插件）页面，浏览官方提供的加载项。

（3）一些常用的加载项可能已经包含在 Mastercam 的安装包中，或者作为单独的下载项提供。

二、第三方供应商网站

通过搜索引擎或 Mastercam 社区论坛，找到第三方加载项的供应商网站。
（1）访问供应商网站，查看其提供的 Mastercam 加载项。
（2）下载所需的加载项安装包，并按照供应商提供的说明进行安装和配置。

三、CAD/CAM 软件市场

一些在线的 CAD/CAM 软件市场，如 Autodesk App Store、CAM-Market 等，提供各种 CAD/CAM 软件的插件和加载项。
（1）搜索并找到与 Mastercam 兼容的加载项，购买适用的版本或下载试用版。
（2）按照市场提供的说明进行安装和激活。

四、Mastercam 经销商

联系当地的 Mastercam 经销商，咨询其提供的第三方加载项。经销商可能会提供一些特定行业或应用的加载项，以及相关的技术支持和培训服务。

五、在线论坛和社区

（1）参与 Mastercam 的在线论坛和社区，如 Mastercam 官方论坛、CNCzone 等。
（2）在论坛中搜索和询问关于第三方加载项的信息和用户体验。
（3）一些用户可能会分享自己开发的加载项或提供下载链接。

2.2.3 用户自定义加载项

要创建和添加实用程序，用户必须具备必要的 C、C++、C# 和 / 或 .NET 编程技能以及适当的开发工具来编译和链接用户的程序。C-Hooks 使用 C 和 C++ 编写，而 NET-Hooks 使用 Visual Basic.NET 或 C# 编写。用户还可以创建用 C# 编写的 .NET 脚本，以便在 Mastercam 中使用。

用户创建的自定义加载项文件须放置在 C:\Users\Public\Documents\Shared Mastercam 2024\Add-Ins 文件夹中（C 为软件安装盘符）。

在 Mastercam 官方网站的第三方开发人员提供了一些用于设置和调试 C-Hooks 和 NET-Hooks 的文档，以及可供下载的示例项目。但必须是具有有效维护权限的注册用户才能访问这些文档。所包含的 API 公开了 Mastercam 的大量功能和特性集。此外，Mastercam 还提供了许多有用的插件和多种方法，供用户将插件集成到 Mastercam 工作区中，以进一步自定义界面。

接下来讲解如何运用 AI 来帮助用户创建自定义的加载项——插件脚本。

2.3 AI 辅助 Mastercam Code Expert 脚本设计

无论用户使用何种编程软件来开发脚本程序，都可以利用 AI 自动生成，或相互转换编程语言。

Mastercam Code Expert 是 Mastercam CAD/CAM 软件的一个功能模块，主要用于编写 NC 代码、VBA 宏程序及函数关系式等。Mastercam Code Expert 工作界面如图 2-7 所示。

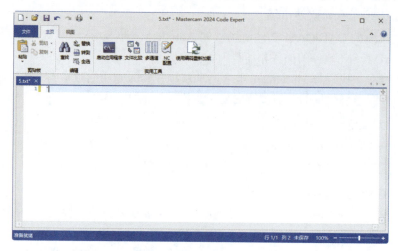

图 2-7

Mastercam Code Expert 的一些主要特点如下。

（1）G 代码编写。
- 支持多种机床控制器语法。
- 提供丰富的编程辅助工具。
- 支持程序调试和优化。

（2）VBA 宏程序编写。
- 编写自定义的 VBA 宏程序。
- 实现 Mastercam 软件的二次开发。
- 增强 Mastercam 的功能和自动化。

（3）函数关系式驱动图形绘制。
- 支持编写各种函数关系式（数学方程式）。
- 在 Mastercam 的加工环境中调用这些函数。
- 实现复杂的几何造型和加工路径生成。

（4）程序管理功能。
- 支持多种代码类型的同时管理。
- 提供版本控制和比较功能。
- 支持导入、导出各种格式。

在 Mastercam 中创建函数关系式的曲线时，首先要用到内置加载项里的 Fplot(方

2.3 AI 辅助 Mastercam Code Expert 脚本设计

程式图形）插件，然后通过 Mastercam Code Expert 来编写代码。

Mastercam 中的函数关系式有一套独具特色的编码规则，无论是手动编写代码或是利用 AI 生成代码，都要遵循这套规则。

【例 2-2】利用 ChatGPT 生成螺旋线函数式。

1. 在 Mastercam 2024 中，单击【主页】选项卡的【加载项】面板中的【运行加载项】按钮，在打开的 Mastercam 加载项的路径中双击 fplot.dll，随后在"chooks"文件夹中可见 6 个 Fplot 示例文件，如图 2-8 所示。这些示例文件可创建出不同函数类型的曲面或曲线，含义如下。

- CANDY.EQN：类似于一块包装好的糖果的表面。
- CHIP.EQN：类似于薯片的表面。
- DRAIN.EQN：类似于排水沟的表面。
- ELLIPSD.EQN：椭球体面。
- INVOL.EQN：渐开线曲线。
- SINE.EQN：正弦曲线：$y = \sin(x)$。

图 2-8

2. 选择 INVOL.EQN 示例文件并单击【打开】按钮将其打开，随后弹出【函数绘图】对话框，如图 2-9 所示。【函数绘图】对话框中各选项的含义如下。

- 编辑程序：在 Mastercam Code Expert 编辑器中打开当前文件，以进行编辑。
- 打开文件：可返回到 chooks 示例文件夹中选择不同的 EQN 文件。
- 设置变量：打开【变量】对话框，如图 2-10 所示。确保每个变量的名称与 EQN 文件中存储的变量名称匹配。为 Fplot 函数方程中的每个变量输入一个范围值。例如，如果方程为 $y=\sin(x)$，请输入要计算 y 的 x 范围值，然后输入步长。Mastercam 在每一步都会评估方程。

图 2-9   图 2-10

- 使用度：在度数和弧度之间切换。
- 追踪变量：将方程、显示参数和变量值写入 fplot.log。单击【绘制】按钮后将显示日志。
- 原点：定义几何体的新原点。
- 几何列表：几何列表中包括绘制曲线、点、线，用来设置所选方程的几何输出类型。几何设置可以包含在 EQN 文件中。
- 绘制：在图形窗口中绘制函数曲线。

3. 单击【编辑程序】按钮，在 Mastercam Code Expert 界面中查看示例曲线的函数关系式，如图 2-11 所示。

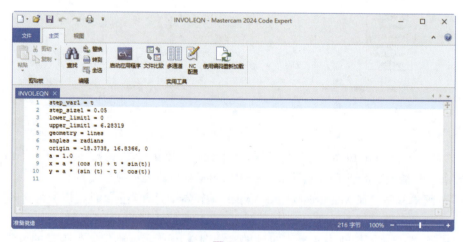

图 2-11

> 提示：Mastercam Code Expert 可用的数学运算符和常数见表 2-2。

表 2-2

数学运算符和常数	描述	数学运算符和常数	描述
(x)	括号	cos(x)	余弦
(–x)	一元减号	tan(x)	正切
x^y	求幂	asin(x)	反正弦
x*y	乘法	acos(x)	反余弦
x/y	除法	atan(x)	反正切
x+y	加法	exp(x)	指数（e 的 x 次方）
x–y	减法	ln(x)	自然对数 ln(x)
abs(x)	绝对值	log(x)	对数 lg(x)
sqrt(x)	平方根	pi	3.14159（大约）
sin(x)	正弦	e	2.711828（大约）

4. 框选所有的函数关系式，然后按 Ctrl+C 键进行复制，复制到剪贴板备用。

5. 在浏览器中打开 ChatGPT 页面，在页面右上角的用户账户名位置单击，在弹出的菜单中选择【自定义 ChatGPT】命令，如图 2-12 所示。

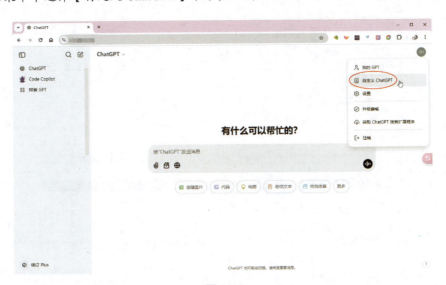

图 2-12

6. 在弹出的【自定义 ChatGPT】对话框中粘贴前面复制的函数关系式，让 ChatGPT 学习如何正确生成函数关系式，单击【保存】按钮，如图 2-13 所示。

7. 在 ChatGPT 的聊天界面中输入并发送聊天信息（也称为提示词），ChatGPT 即时生成答案，如图 2-14 所示。

图 2-13　　　　　　　　　　　　　图 2-14

8. 将 ChatGPT 生成的代码（灰色代码框内）复制。返回到 Mastercam Code Expert 界面中单击【新建】按钮，新建一个代码文件（.txt 文件），然后将 ChatGPT 生成的代码粘贴到新文件中，如图 2-15 所示。

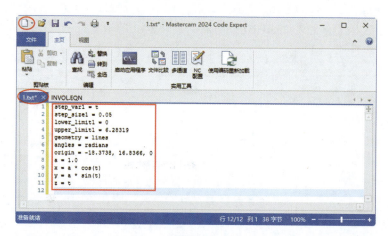

图 2-15

> **提示**：这个函数关系式描述了一个沿着 z 轴方向延伸的螺旋线。螺旋线的参数可更改。

- step_var1 = t：这里定义了一个变量 step_var1，其值为 t。在螺旋线中，通常使用参数 t 来表示曲线的位置。
- step_size1 = 0.05：这是步长，表示每次增加的 t 的值。在这种情况下，每次增加 0.05。
- lower_limit1 = 0 和 upper_limit1 = 6.28319（为方便更改参数，可改为 2*3.1415926）：这些是参数 t 的范围，表示旋转一圈是从 0 到 2π（即 6.28319）。

- geometry = lines 和 angles = radians：定义了螺旋线的几何形状和角度单位。在这里，几何形状是直线，角度单位是弧度。
- origin = -18.3738, 16.8366, 0：螺旋线的起点坐标。
- a = 1.0：这是一个常数，用于控制螺旋线的半径大小。
- x = a * cos(t)、y = a * sin(t)、z = t：这些是螺旋线的参数方程式，用来计算螺旋线上任意点的坐标。在这里，x 和 y 分别表示点在水平和垂直方向上的位置，而 z 表示点沿 z 轴的位置，其值与参数 t 相等。

9. 单击【保存】按钮，将代码文件保存在 C:\Program Files\Mastercam 2024\Extensions 路径中，命名为数字或英文，如图 2-16 所示。

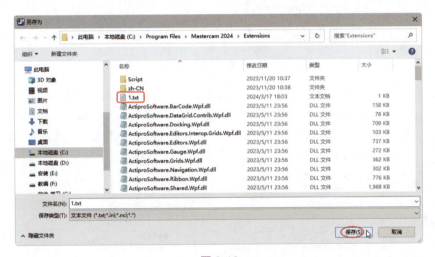

图 2-16

10. 关闭 Mastercam Code Expert 界面。在【函数绘图】对话框中单击【打开文件】按钮，将保存的代码文件打开，如图 2-17 所示。

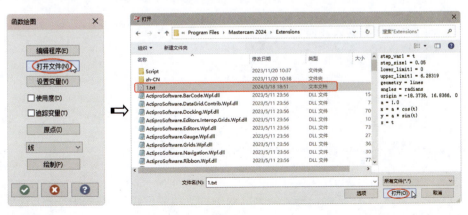

图 2-17

11. 在【函数绘图】对话框中单击【绘制】按钮，Mastercam 图形区中会自动创建螺旋线，如图 2-18 所示。

图 2-18

12. 如果需要更改螺旋线参数，单击【编辑程序】按钮，在弹出的 Mastercam Code Expert 界面中更改参数。可更改 upper_limit1、a 值和 z 值。upper_limit1 的值（控制圈数）改为 N*3.1415926，N 为自然数。a 值控制半径。z 值控制螺旋线的高度（每增加 1 倍高度，请输入 N*t，比如增加 2 倍高度，修改为 2*t）。修改参数后再次创建的螺旋线如图 2-19 所示。

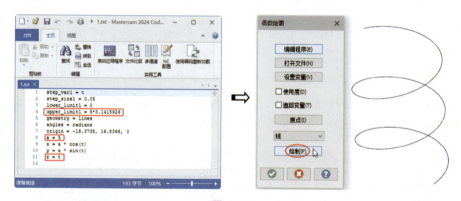

图 2-19

13. 最后保存文件。

2.4 AI 生态系统——ZOO

ZOO 作为一个 AI 基础设施系统，其目的在于使硬件设计流程现代化。它提供 GPU 驱动的工具，可以通过开放 API 使用或构建。用户可以开发自己的工具，也可

2.4 AI 生态系统——ZOO

以使用预构建的工具，例如 KittyCAD 和 ML-ephant。

ZOO 系统有两大工具：文本转 CAD（Text-to-CAD）和可视化建模程序。ZOO 系统的主页如图 2-20 所示。

图 2-20

本节主要介绍 Text-to-CAD 工具。

Text-to-CAD 是一个功能强大的工具，可让用户根据文本提示生成 CAD 三维模型。下面以简单示例来详解 Text-to-CAD 的使用方法。

【例 2-3】用 Text-to-CAD 创建 CAD 模型。

1. Text-to-CAD 工具是一个独立的 AI 平台，如图 2-21 所示。也可在 ZOO 系统主页的顶部选择【产品】/【文本转 CAD】命令来打开。

图 2-21

> **提示**：Text-to-CAD 工作界面默认为英文，可通过浏览器下载"谷歌翻译"扩展程序，对英文网页进行翻译。

2. 在使用 Text-to-CAD 之前，可参阅平台页面底部的"提示写作技巧"，其中列出了如何输入提示词及注意事项。

3. 初次使用 Text-to-CAD，可选择【提示示例】中的示例来示范操作，比如选择"21齿渐开线斜齿轮"，单击【提交】按钮后将自动生成21齿的斜齿轮，如图2-22所示。

图 2-22

4. 单击左上角的【新提示+】按钮，返回到 Text-to-CAD 初始界面。在提示词文本框中输入"创建一块模具模板，长、宽和高分别为200mm、200mm 和35mm，模板四个角倒圆角处理，且圆角半径20mm。在圆角半径的中心点上创建直径为10mm 的同心圆，在模板中间创建矩形孔，边长为150mm，四个棱角倒圆角、圆角半径为5mm"，单击【提交】按钮，如图2-23所示。

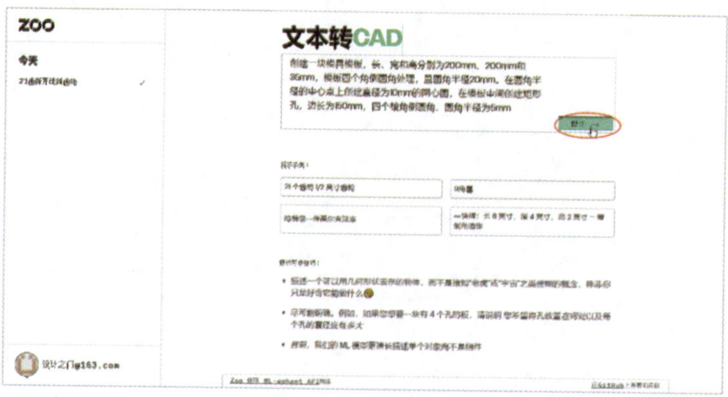

图 2-23

5. 稍后自动生成模板零件模型，如图2-24所示。

图 2-24

6. 在页面右上角的【下载】文件列表中选择【STL】文件格式，会自动下载模型文件，如图2-25所示。

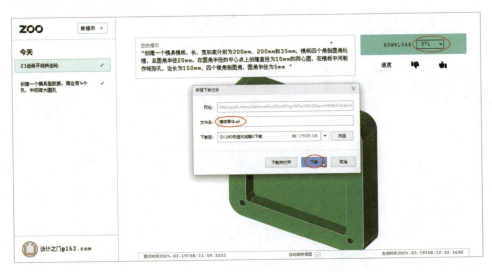

图 2-25

第 3 章　AI 辅助加工工艺设计

本章将探讨如何利用 AI 来辅助 Mastercam 加工工艺的设计。同时展示一些具体的例子，以说明 AI 在提高加工效率、降低成本、提高数控编程等方面的潜力。

3.1　Mastercam 加工类型

Mastercam 的加工模块为用户提供高效、便捷的编程体验，通过深入挖掘机床性能，显著提升生产速度与效率。Mastercam 融合了多种功能优势，如使用方便、刀具自动化、实时毛坯更新、智能刀路和工艺参数保存等，全面支持铣床、车床、线切割和木雕等多种机床类型，满足多样化加工需求。

在【机床】选项卡的【机床类型】面板中，Mastercam 提供了铣床、车床、线切割和木雕 4 种机床类型，如图 3-1 所示。机床类型不同，其所属的加工类型也各有不同。

图 3-1

一、铣削加工类型

Mastercam 铣削模块的功能强大，无论是基本或复杂的 2D 加工还是单面或高级的 3D 铣削，Mastercam 都能满足用户的需求。

在【机床类型】面板中选择【铣床】/【默认】命令，会弹出【铣床 - 刀路】选项卡，如图 3-2 所示。利用【铣床 - 刀路】选项卡中的铣削加工类型，可以创建利用数控铣床进行加工的 2D、3D 及多轴加工刀路。

图 3-2

二、车削加工类型

高效的车削加工不仅仅取决于刀路编程。Mastercam 的车削模块为用户提供了一系列工具来优化整个加工过程。从简洁的 CAD 功能和实体模型加工到复杂的精、粗切车削，用户均可以按自己的想法与创意进行各种加工。

在【机床】选项卡的机床类型面板中选择【车床】/【默认】命令，会弹出【车床-车削】、【车床-铣削】和【车床-木雕刀路】选项卡，如图 3-3 所示。

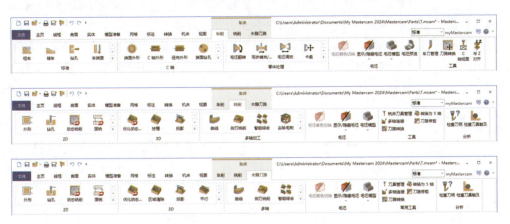

图 3-3

利用【车床-车削】选项卡中的加工类型可以创建出常规的车削、钻孔、镗孔等刀路。【车床-铣削】选项卡中的铣削加工类型与【铣床-刀路】选项卡中的铣削加工类型是完全一致的。

【车床-木雕刀路】选项卡中的加工类型主要用于雕刻加工。常见的家具厂木材装饰件的雕刻可利用车床进行车削雕刻加工。

三、车铣复合加工类型

在当代金属加工领域，车铣复合加工中心以其卓越的功能性而著称，尽管其操作过程相对复杂。Mastercam 提供的车铣复合加工功能有效地简化了操作流程，使加工过程更为简便和迅速。该功能通过简化工件的设置流程，并借助智能化的工作平面选项，仅需指定刀塔与主轴的具体位置，便能导入经过验证的铣削和车削刀路，从而迅速生成所需的加工路径，显著降低了编程的难度。然而，要充分利用 Mastercam 的车铣复合模块功能，用户必须购置正版软件并获得相应的机床文件授权。

四、线切割加工类型

Mastercam 的线切割加工模块为用户提供多种线切割加工类型。

【线切割-线割刀路】选项卡中的线切割加工类型如图 3-4 所示。

图 3-4

五、木雕加工类型

在模具或木制品加工过程中，文字与图像的雕刻加工是不可或缺的环节。Mastercam 为此提供了专业的木雕加工类型，其【木雕-刀路】选项卡如图 3-5 所示。该【木雕-刀路】选项卡所包含的木雕加工类型与车削加工中的【车床-木雕刀路】选项卡中的木雕加工类型完全一致，区别仅在于木雕加工所采用的机床为数控铣床或数控复合加工中心。

图 3-5

3.2 Mastercam 加工工艺设置

在 Mastercam 中设置加工工艺涉及多个步骤，这些步骤将指导软件如何控制 CNC 机床进行具体的加工任务。

3.2.1 设置加工刀具

加工刀具的设置是所有加工都要经历的步骤，其中的参数也是最先需要设置的。用户可以直接调用刀库中的刀具，也可以修改刀库中的刀具产生需要的刀具形式，还可以自定义新的刀具，并保存刀具到刀库中。

刀具设置主要包括从刀库选择刀具、修改刀具、自定义新刀具、设置刀具相关参数等。

一、从刀库中选择刀具和修改刀具

从刀库中选择刀具是最基本、最常用的方式，操作也比较简单，下面以进行铣削加工为例进行讲解。

1. 在【铣床-刀路】选项卡的【工具】面板中单击【刀具管理】按钮，弹出【刀具管理】对话框，如图 3-6 所示。

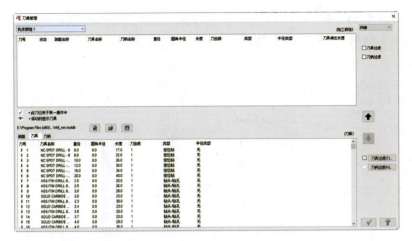

图 3-6

2. 从对话框下方的刀库中选择用于铣削加工的平底刀或圆鼻刀刀具，单击【将选择的刀库刀具复制到机床群组中】按钮⬆，将刀具添加到加工群组中，如图 3-7 所示。

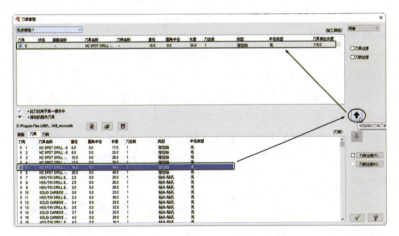

图 3-7

3. 同理，在加工群组中可以选择刀具，单击右键选择快捷菜单中的【删除刀具】命令，可以将刀具删除，如图 3-8 所示。

图 3-8

4. 在加工群组中选择要修改的刀具后单击右键，在弹出的右键快捷菜单中选择【编辑刀具】命令，弹出【编辑刀具】对话框，如图 3-9 所示，可以对刀具参数进行修改。

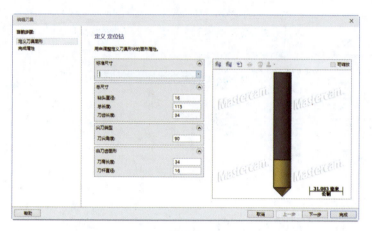

图 3-9

二、自定义新刀具

除了从刀库中选择刀具和修改刀具参数得到加工所需要的刀具，用户还可以自定义新的刀具来获得所需的加工刀具。

1. 在【刀具管理】对话框的加工群组中的空白位置处单击右键，从弹出的菜单中选择【创建刀具】命令，弹出【定义刀具】对话框。

2. 在【选择刀具类型】页面中选择所需的加工刀具类型，如图 3-10 所示。

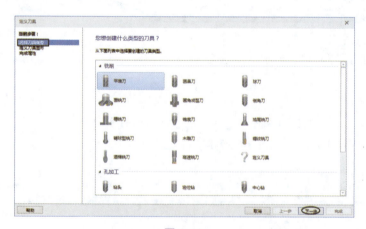

图 3-10

3. 单击【下一步】按钮，在【定义刀具图形】页面中设置刀具的尺寸参数，如图 3-11 所示。

3.2 Mastercam 加工工艺设置

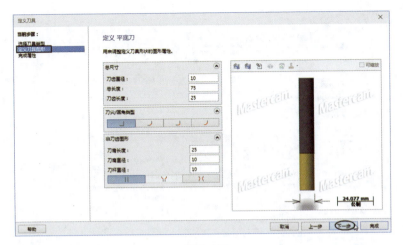

图 3-11

4. 单击【下一步】按钮，在【完成属性】页面中设置刀具的刀号、刀补参数、每齿进刀量、进给速率、主轴转速、刀具级别及铣削加工步进量等参数。最后单击【完成】按钮，如图 3-12 所示，完成新刀具的创建。

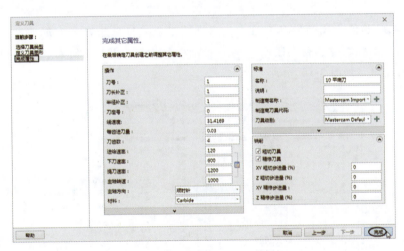

图 3-12

三、在加工刀路中定义刀具

除了在刀库中定义刀具，用户还可以在创建某个加工刀路的过程中定义刀具。

1. 要创建一个外形加工刀路，先在【铣床-刀路】选项卡的【2D】面板中单击【外形】按钮，弹出【串连选项】对话框。

2. 选择加工的外形串连后，会弹出【2D 刀路-外形铣削】对话框。在对话框中的选项设置列表中选择【刀具】选项，对话框右侧显示刀具设置选项，如图 3-13 所示。

第3章 AI 辅助加工工艺设计

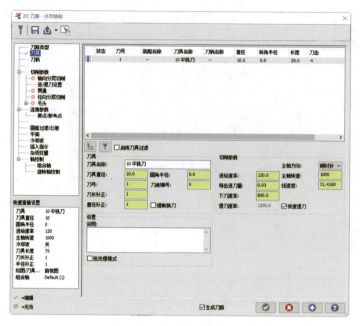

图 3-13

3. 在对话框右侧的刀具列表中，用户虽不能直接删除刀具，但可以定义新刀具、编辑刀具。在刀具列表左下角单击【从刀库选择刀具】按钮，会弹出【选择刀具】对话框，如图 3-14 所示。

图 3-14

4. 从对话框中的刀库列表中选择所需刀具，单击【确定】按钮 完成刀具的选择。

3.2.2 设置加工工件（毛坯）

刀具及其参数设置完毕后，就可以设置加工工件了。加工工件的设置包括工件的尺寸、原点、材料、显示等参数设置。如果要进行实体模拟，就必须设置加工工件。如果没有设置加工工件，系统会自动定义加工工件，这个自定义的加工工件也不一定符合要求。

1. 在【刀路】管理器面板中选择【毛坯设置】选项，打开【机床群组设置】面板中的【毛坯设置】选项卡。

2. 在【毛坯设置】选项卡中设置加工工件，包括毛坯原点、毛坯形状（矩形或圆柱体）、推拉、毛坯平面转换、属性（即颜色设置）、预览设置及工程信息等，如图3-15所示。

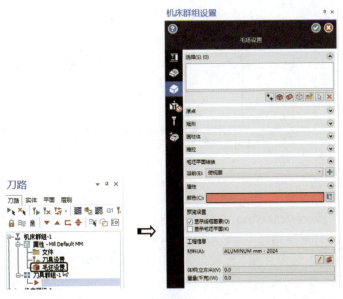

图 3-15

3.2.3 2D 铣削通用加工参数设置

本小节主要讲解加工过程中通用参数的设置。

一、Mastercam 高度设置

（1）认识起止高度。

起止高度指进退刀的初始高度。在程序开始时，刀具将先运行到这一高度；在程序结束后，刀具也将退回到这一高度。起止高度要大于或等于安全高度，安全高度也被称为提刀高度，是为了避免刀具碰撞工件而设定的高度（Z值）。在铣削过程

中，刀具需要转移位置时将退到这一安全高度，再进行 G00 插补到下一进刀位置。此值一般情况下应大于零件的最大高度（即高于零件的最高表面）。

（2）认识安全高度。

在加工过程中，当刀具需要在两点间移动而不切削时，是否要抬刀到安全平面呢？

当设定为抬刀时，刀具将先提高到安全平面，再在安全平面上移动；否则将直接在两点间移动而不提刀。直接移动可以节省抬刀时间，但是必须注意安全，在移动路径中不能有凸出的部位，特别注意在编程中，当分区域选择加工曲面并分区加工时，中间没有选择的部分是否有高于刀具移动路径的部分。在粗切铣削时，对较大面积的加工通常建议使用抬刀，以便在加工时可以暂停，并对刀具进行检查。而在精加工时，常使用不抬刀以加快加工速度，特别是像角落部分的加工，抬刀将造成加工时间大幅延长。在孔加工循环中，使用 G98 将抬刀到安全高度进行转移，而使用 G99 就将直接移动，不抬刀到安全高度，如图 3-16 所示。

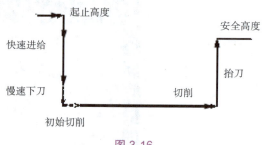

图 3-16

（3）高度参数设置。

高度参数设置是 Mastercam 二维和三维刀路都有的连接参数。下面以创建挖槽铣削操作为例，详解通用加工参数设置的操作步骤。

1. 在【机床】选项卡的【机床类型】面板中选择【铣床】/【默认】命令，弹出【铣床 - 刀路】选项卡。

2. 在【铣床 - 刀路】选项卡的【2D】面板中单击【挖槽】按钮▣，选择要铣削的加工串联后，弹出【2D 刀路 -2D 挖槽】对话框。

3. 在【2D 刀路 -2D 挖槽】对话框中单击【连接参数】选项，弹出连接参数设置页面，如图 3-17 所示。在【连接参数】选项页面中有 5 个高度需要设置，分别是安全高度、提刀（参考高度）、下刀位置、毛坯顶部（工件表面）和深度（切削深度）。高度设置分为绝对坐标和增量坐标两种，绝对坐标相对原点来测量，原点是不变的。增量坐标相对工件表面的高度来测量。工件表面随着加工的深入不断变化，因而增量坐标是不断变化的。

3.2 Mastercam 加工工艺设置

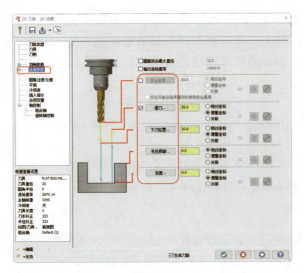

图 3-17

二、Mastercam 补正设置与转角设置

刀具的补正设置包括半径补正、长度补正。

> **提示**：Mastercam 中的补正（也称补偿）是指数控机床根据实际使用的刀具尺寸，自动调整各坐标轴的移动量，以确保实际加工轮廓和编程轨迹完全一致。

（1）半径补正。

刀具的半径尺寸对铣削加工影响最大。在零件轮廓铣削加工时，刀具的中心轨迹与零件轮廓往往不一致。为了避免计算刀具中心轨迹，用户可直接按零件图样上的轮廓尺寸编程。数控机床提供了刀具半径补正功能，如图 3-18 所示。

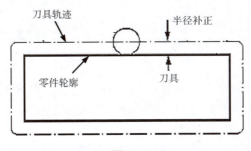

图 3-18

（2）长度补正。

在实际加工当中，刀具的长度不统一，刀具磨损、更换刀具等原因引起刀具长度尺寸变化时，编程人员不必考虑刀具的实际长度及对程序的影响。可以通过使用刀具长度补正指令来解决这类问题。在程序中使用补正，并在数控机床上用手动数

据输入（Manual Data Input，MDI）方式输入刀具的补正量，就可以正确地加工。刀具磨损时也只需要修正刀具的长度补正量，而不必调整程序或刀具的夹持长度，如图 3-19 所示。

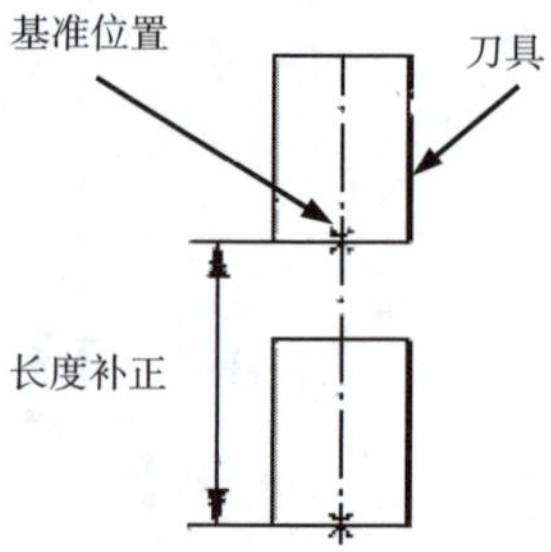

在【铣床 - 刀路】选项卡的【2D】面板中单击【外形】按钮，选择要铣削的加工串联后，弹出【2D 刀路 - 外形铣削】对话框。

在【2D 刀路 - 外形铣削】对话框的【切削参数】选项设置页面中，可以设置刀具补正选项，包括刀具的补正方式、补正方向和刀尖补正，如图 3-20 所示。

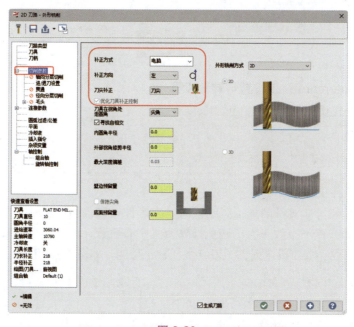

图 3-19

图 3-20

在【2D 刀路 - 外形铣削】对话框的【切削参数】选项设置页面中，【刀具在拐角处走圆角】选项用于两条及两条以上的相连线段转角处的刀路，即根据不同选择模式决定在转角处是否采用弧形刀路。

- 当设置为【无】时，即不走圆角。在转角地方均不采用圆弧刀路，如图 3-21 所示。
- 当设置为【尖角】时，即在尖角处走圆角。在小于 135°（如 100°）转角处采用圆弧刀路，而在大于或等于 135° 的地方不采用圆弧刀路，如图 3-22 所示。
- 当设置为【全部】时，即在所有转角处都采用圆弧刀路，如图 3-23 所示。

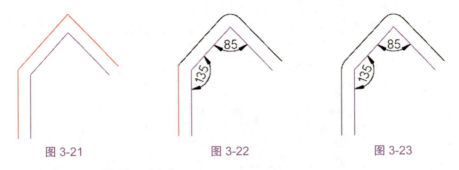

图 3-21　　　　　图 3-22　　　　　图 3-23

三、轴向分层切削设置

【2D 刀路 - 外形铣削】对话框中的【轴向分层切削】选项设置页面如图 3-24 所示，用来设置定义深度分层铣削的粗切和精修的参数。

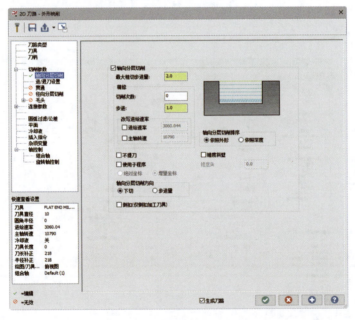

图 3-24

此处的参数一般情况下保留默认设置，当然用户也可根据实际需要进行设置，比如可根据刀具大小、机床参数、毛坯件等作为参考，修改【最大粗切步进量】参数。

用户也可根据零件的形状来设置轴向分层切削顺序：如果零件中只有一个凸台或一个凹槽，可设置为【依照外形】选项；如果零件中存在多个岛屿或凹槽，可设置为【依照深度】。

当零件外形或凹槽存在斜壁时，用户可勾选【锥度斜壁】复选框，并设置锥度角，就能够顺利铣削斜壁。

四、进/退刀设置与圆弧过滤/公差设置

起始刀路称为进刀,结束刀路称为退刀,其示意图如图 3-25 所示。

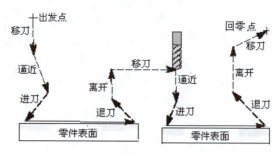

图 3-25

在【2D 刀路 - 外形铣削】对话框的【进/退刀设置】选项设置页面中,可以设置刀路的起始及结束位置,是否加入直线或圆弧刀路,使其与工件及刀具平滑连接,如图 3-26 所示。

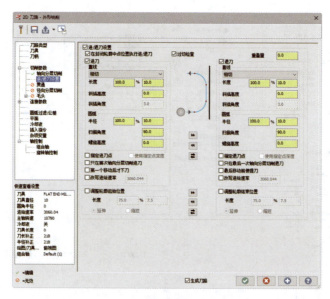

图 3-26

【圆弧过滤/公差】选项设置页面如图 3-27 所示。在该页面中可以设置 NCI 文件的过滤参数。通过对 NCI 文件进行过滤,删除长度在设定公差内的刀路来优化或简化 NCI 文件。

> **提示:** NCI 文件是从 Mastercam 输出的中间文件,包含数控加工指令、刀路、进给速度、切削深度等加工信息,作为生成最终机床代码(如 G 代码)的基础。

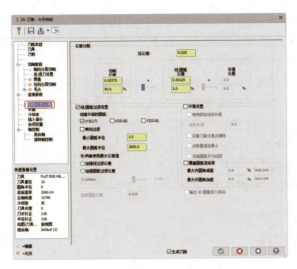

图 3-27

3.2.4　3D 铣削通用加工参数设置

Mastercam 能够生成曲面、实体以及 STL 文件的 3D 铣削刀路，对于复杂的三维轮廓、曲面和自由形状的工件，在加工过程中通常采用曲面加工方法。曲面加工可分为曲面粗切铣削和曲面精加工。不管是粗切铣削还是精加工，它们都有一些共同的参数需要设置。下面将以曲面粗切平行加工刀路为例，对曲面加工的通用参数设置做讲解。

1. 在【铣床-刀路】选项卡的【3D】面板中单击【平行】按钮，选择要加工的曲面后弹出图 3-28 所示的【曲面粗切平行】对话框。

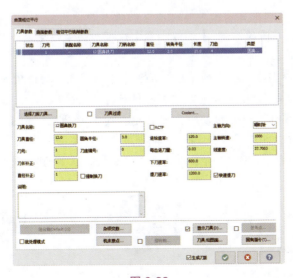

图 3-28

2. 与二维刀路不同的是，三维刀路参数所需的刀具通常与曲面的曲率半径有关。精修时刀具半径不能超过曲面的曲率半径。一般粗切铣削采用大刀、平刀或圆鼻刀，精加工采用小刀、球刀。

3. 不管是粗切铣削还是精加工，用户都需要设置【曲面参数】选项卡中的参数，如图 3-29 所示。其中主要设置包括安全高度、参考高度、下刀位置和工件表面。一般没有深度选项，因为曲面的底部就是加工的深度位置，该位置由曲面的外形来决定，故不需要用户设置。

4. 在【曲面参数】选项卡中勾选【进/退刀】复选框，并单击【进/退刀】按钮，弹出【方向】对话框，如图 3-30 所示。

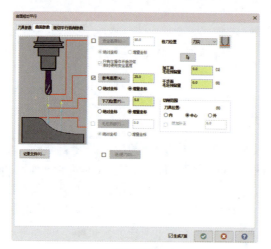

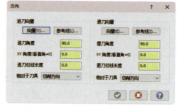

图 3-29   图 3-30

5. 该对话框用来设置曲面加工时刀具的进入与退出的方式。其中【进刀向量】选项组用来设置进刀时的向量。【退刀向量】选项组用来设置退刀时的向量。两者的参数设置完全相同。

6. 在【曲面参数】选项卡的【校刀位置】下拉列表中的选项如图 3-31 所示，包括【中心】和【刀尖】。当选择【刀尖】选项时，产生的刀路为刀尖所走的轨迹。当选择【中心】选项时，产生的刀路为刀具中心所走的轨迹。由于平刀不存在球心，所以这两个选项在使用平刀时一样，但在使用球刀时不一样。图 3-32 所示为选择刀尖为校刀位置的刀路。图 3-33 所示为选择中心为校刀位置的刀路。

图 3-31   图 3-32   图 3-33

7. 在【曲面参数】选项卡中单击【选取】按钮 ，弹出【刀路曲面选择】对话框，如图3-34所示。

8. 预留量是指在曲面加工过程中，预留少量的材料不予加工，或留给后续的加工工序来加工，包括加工曲面的预留量和加工刀具避开干涉面的距离。在进行粗切铣削时一般需要设置加工面的预留量，通常设置为0.2～0.5mm，目的是便于后续的精加工。图3-35所示为曲面预留量为0，图3-36所示为曲面预留量为0.5，后者比前者明显抬高了一定高度。

图 3-34

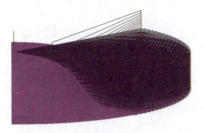

图 3-35

图 3-36

9. 在【曲面参数】选项卡的【切削范围】选项组中，有3个刀具位置的单选按钮，分别是【内】【中心】和【外】，如图3-37所示。

10. 切削深度是用来控制加工铣削深度的。在【曲面粗切平行】对话框的【粗切平行铣削参数】选项卡中单击【切削深度】按钮 ，会弹出【切削深度设置】对话框，如图3-38所示。

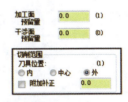

图 3-37

图 3-38

↓ **提示**：间隙的设置分 3 种，有两条切削路径之间的间隙、曲面中间的破孔或者加工曲面之间的间隙。图 3-39 所示为刀路间的间隙，图 3-40 所示为曲面破孔间隙，图 3-41 所示为曲面间的间隙。

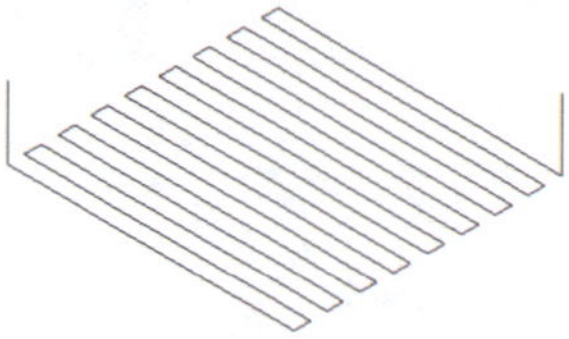

图 3-39 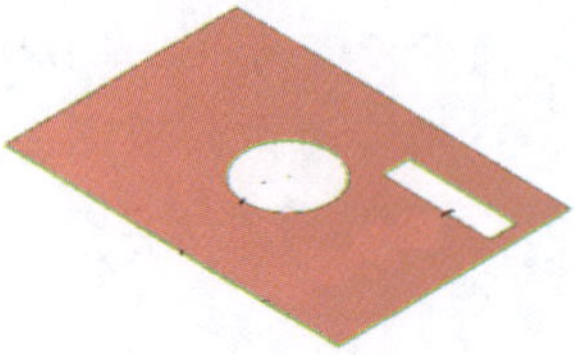　　　　　　　　图 3-40 　　　　　　　　图 3-41

11. 在【粗切平行铣削参数】选项卡中单击【间隙设置】按钮，弹出【刀路间隙设置】对话框。该对话框用来设置刀具遇到间隙时的处理方式，如图 3-42 所示。

12. 在【粗切平行铣削参数】选项卡中单击【高级设置】按钮，弹出【高级设置】对话框。该对话框可设置刀具在曲面或实体面的动作与精准度参数，也可以检查隐藏的曲面和实体面是否有折角，如图 3-43 所示。

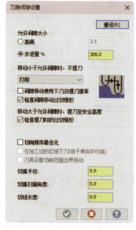

图 3-42

图 3-43

3.3　AI 辅助加工工艺设计应用案例

目前，AI 能够辅助完成数控加工工艺的制定和数控系统的优化。本节将重点介绍 AI 在数控加工工艺设计方面的具体应用。

3.3.1 AI 辅助加工工艺设计概述

AI 在加工工艺设计中的应用贯穿于整个加工过程，从原材料的选择、工艺流程的设定，到产品的最终检验，每一个环节都可以看到 AI 的影子。通过预测和优化，AI 能够帮助我们更有效地利用资源，提高生产效率，同时提高产品的质量和性能。

一、数控加工工艺设计内容

数控加工工艺设计是一个涉及机械加工、计算机控制、材料科学等多个领域的复杂过程。它主要包括确定加工对象、加工方法、加工顺序、使用的工具和设备、加工参数以及编制数控程序、优化加工参数、保障安全与环境等一系列加工细节。以下是数控加工工艺设计的几个主要内容。

（1）加工对象的分析。
- 对加工零件的图纸或三维模型进行分析，明确零件的几何形状、尺寸精度、表面粗糙度要求等。
- 确定加工材料的类型，了解其物理、化学性质及加工特性。

（2）加工方法的选择。
- 根据加工对象的特点，选择合适的加工方法，如车削、铣削、钻孔、磨削等。
- 考虑数控加工的特点，选择适合的数控机床和夹具。

（3）加工顺序（工序）的确定。
- 确定加工过程中各个步骤的顺序，明确粗切铣削、半精加工、精加工及其他必要的加工过程。
- 加工顺序的确定需要考虑加工效率、加工精度和加工成本等因素。

（4）刀具和夹具的选择。
- 根据加工方法和加工材料，选择合适的刀具，包括刀具的材料、形状、尺寸等。
- 确定所需的夹具类型，以及如何固定和定位加工零件。

（5）加工参数的确定。
- 根据加工材料、刀具类型和加工设备，确定加工参数，包括切削速度、进给速度、切削深度等。
- 加工参数的选择直接影响加工效率、加工质量和加工成本。

（6）数控程序的编制。
- 基于上述分析和确定的加工细节，编制数控程序。
- 数控程序包括工件装夹、刀具选择、刀路、加工参数等信息。

（7）加工参数的优化。
- 在加工过程中或加工完成后，根据加工结果对工艺参数进行优化，以提高加工质量和效率。

- 包括调整加工参数、优化刀路、使用更高性能的刀具等措施。

（8）安全与环境的保障。
- 在加工工艺设计中，还需要考虑安全生产的要求，包括操作人员的安全、机床的安全以及环境保护等。
- 合理安排加工过程，降低噪声，减少切削液的使用，确保生产环境的清洁。

二、AI 在数控系统中的应用

AI 能让数控系统变得更加精确、及时和稳定。数控系统通常包括控制装置、伺服系统和位置测量系统。控制装置通过插补运算处理加工程序，并向伺服系统发送控制信号，从而驱动机械设备按照预定要求运行。位置测量系统负责监测并反馈设备的位置或速度信息，以便进行必要的调整。数控系统的产业链涵盖基础材料、零部件、数控系统本身，以及数控机床和其他应用。

近年来，国产数控系统在功能上已经能够与国际先进水平相媲美，但在性能方面还存在差距。尽管如此，高端国产数控系统在国内机床市场的占有率已经从不足 1% 提升到 30% 以上。通过引入 AI 技术，数控系统能够在应用层实现数据交换、建立数据库、进行实时监控等功能，同时可对硬件的运行状态进行实时跟踪和反馈，确保系统的稳定运行。例如，华中数控通过集成 AI 芯片和开发智能应用模块，实现了精度提升、工艺优化和设备健康监测等功能。自主可控和 AI 的整合是数控系统领域的关键投资方向，华中数控、科德数控和广州数控等公司是该领域的主要参与者。

在数控系统的底层，软件算法起着至关重要的作用。在应用层面，AI（特别是决策支持型 AI）可以促进数据交换、数据库建设和实时监控，并快速收集和分析数据。AI 的类神经网络结构能够对硬件状态进行实时监控和反馈，及时纠正操作错误，确保系统的稳定运行。以华中数控为例，该公司研发了基于"指令域"电控数据的感知分析、理论与大数据融合建模、智能优化"i 代码"和"双码联控"技术，通过将 AI 芯片集成到数控系统中，推出了华中 9 型数控系统，并开发了一系列智能应用模块，实现了精度提升、工艺优化和健康保障等功能。这表明，通过融合 AI 技术，国产数控系统在性能与智能化水平上快速追赶国际先进标准，进一步加速了国产化替代进程。

3.3.2 利用 AI 工具进行加工工艺分析与制定

一般来说，依据加工工艺的具体内容，用户可以利用 AI 工具（如 ChatGPT）完成上一小节中所列出的数控加工工艺设计主要内容中的（1）～（5）项。

下面通过一个实例进行说明。假设有一个模板零件需要进行铣削加工，如图 3-44 所示。我们利用 ChatGPT 4.0 的 Data Analyst（高级数据分析）插件来辅助完成工艺流程设计。

3.3 AI辅助加工工艺设计应用案例

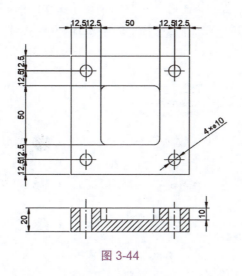

图 3-44

【例 3-1】 加载 ChatGPT 的高级数据分析插件。

1. 进入浏览器打开 ChatGPT 主页，ChatGPT 交互式界面默认为英文，可以设置为简体中文。在界面右上角单击用户名会弹出功能菜单，然后选择【Settings】命令，弹出【Settings】对话框。

2. 在【Settings】对话框的【General】选项卡的【Language】列表中选择【简体中文】选项，如图 3-45 所示。

图 3-45

3. 随后自动设置界面语言为简体中文，【Settings】对话框也变成了【设置】对话框。设置完成后关闭【设置】对话框。

4. 在 ChatGPT 交互式界面的左边栏中单击【探索 GPTs】按钮，进入 GPTs 设置页面。在【由 ChatGPT 呈现】选项组中选择【Data Analyst】插件，如图 3-46 所示。

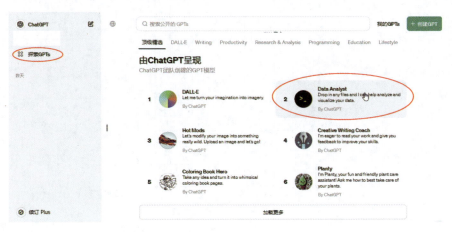

图 3-46

5. 随后自动进入【Data Analyst】插件对话模式，然后将【Data Analyst】插件保持在侧边栏中，如图 3-47 所示。

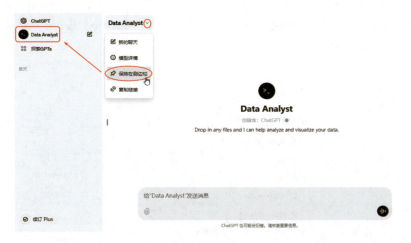

图 3-47

6. 在界面下方的提示词文本框内可以看到一个【导入文件】按钮，单击此按钮就可导入外部文件进行分析了。这些外部文件包括 DWG 图纸文件、表格文件、Word 文件、图像文件及代码文本文件等。

【例 3-2】利用 Data Analyst 进行图纸分析。

本例将通过 Data Analyst 对零件图纸进行图片识别和数据分析，生成初步的加工工艺方案。

3.3 AI 辅助加工工艺设计应用案例

> 提示：在 ChatGPT 中不能直接导入 Mastercam 的模型文件进行分析。

1. 在 ChatGPT 的提示词文本框中单击【导入文件】按钮，导入本例源文件夹中的"模板.jpg"图像文件，单击【打开】按钮，如图 3-48 所示。

图 3-48

2. 在提示词文本框内输入提示词（也称"聊天文本"或"信息"）"请帮我分析一下导入的图像是什么？"再单击【发送信息】按钮发送图像和文字信息，如图 3-49 所示。

图 3-49

ChatGPT 随后开始思考，并利用数据分析插件进行图像分析，给出比较满意的回答，如图 3-50 所示。

图 3-50

3. 从给出的回答来看，ChatGPT 只是将图纸的大概信息列出，但并没有给出关于零件模型的详细信息，因此不能做出工艺规划。在提示词文本框中继续输入"可否进一步将零件的尺寸、形状和孔位详细信息列出？"单击【发送信息】按钮，ChatGPT 的回答结果如图 3-51 所示。

图 3-51

4. 本次回答的结果虽然给出了比较详细的零件信息，但也有信息错误。这就需要进一步给 ChatGPT 提示，并说出我们的基本需求，如图 3-52 所示。

图 3-52

> **提示：** 提供的信息越详细，回答的结果也就越精准。

随后 ChatGPT 给出答案，将其回答的信息列出如下。

1. 材料选择：
   - 材料：45 钢（适用于模具制造、机械部件等，有良好的机械性能）。
   - 毛坯尺寸：稍大于 100mm×100mm×20mm，以便加工和夹紧。

2．加工工序：

（1）切割毛坯材料。
- 方法：锯切或火焰切割。
- 设备：金属切割锯或火焰切割机。

（2）车床加工（如果毛坯粗糙）。
- 方法：车削。
- 设备：车床。
- 刀具：车刀。

（3）铣削平面。
- 方法：平面铣削。
- 设备：立式铣床或数控加工中心。
- 刀具：面铣刀。
- 夹具：机用平口钳或T型槽台。

（4）钻孔。
- 方法：钻削。
- 设备：钻床或数控加工中心。
- 刀具：直径10mm的钻头。
- 夹具：平口钳或定制夹具以防止材料移动。

（5）铣削矩形凹槽。
- 方法：槽铣削。
- 设备：立式铣床或数控加工中心。
- 刀具：平头端铣刀。
- 夹具：机用平口钳或T型槽台。

（6）倒圆角处理。
- 方法：角铣削。
- 设备：立式铣床或数控加工中心。
- 刀具：R2.5的球头铣刀。
- 夹具：同上。

注意：
- 在每个步骤之后，都应检查尺寸和质量，以确保满足设计要求。
- 润滑冷却剂应在所有加工过程中使用，以延长刀具寿命并提高表面质量。
- 确保每一步加工后，都要去除任何毛刺或尖锐边缘。

为了提供更详细的指导，正常情况下需要知道具体的机床型号和能力，刀库存以及任何生产或质量控制要求。这里提供的是一个通用的加工步骤概要，实际的制造环境中可能需要根据设备和工具的具体情况进行调整。

> **提示**：若用户发现第一次的回答有错误或者不够精确，可以单击【重新生成】按钮↻，重新生成新的回答。

6. 接下来继续问 ChatGPT："继续上面的话题，给我预测一下在加工过程中可能出现的问题，如刀具磨损、振动等，自动调整参数以优化加工效果。"随后 ChatGPT 给出答案，列出如下。

在加工过程中，常见的问题可能包括刀具磨损、切削力过大导致的振动、切削温度过高等。下面是针对这些问题的预测和优化策略。

（1）刀具磨损。
- 预测：45 钢硬度较高，会加速刀具磨损，特别是在进行大批量生产时。
- 优化：选择适合加工 45 钢的刀具材料（如碳化钨刀具），定期检查刀具磨损，并设置更换周期。

（2）振动。
- 预测：在铣削大面积或深槽时可能会出现振动。
- 优化：使用较小的切削深度和进给率，增加刀具的过切量，选择高抗振夹具，或使用阻尼器减少振动。

（3）切削温度。
- 预测：长时间的连续切削会产生较高的温度，影响刀具寿命和工件尺寸精度。
- 优化：使用适当的切削液，以提高冷却效果和润滑性，同时选择适合的切削参数来降低热量生成。

（4）切削力过大。
- 预测：加工硬材料时切削力会增加，这可能导致刀具断裂或工件变形。
- 优化：采用多次浅切削代替一次深切削，逐步接近最终尺寸。

（5）切屑排出不畅。
- 预测：在深槽铣削或盲孔钻削时，切屑可能难以排出，导致切削效率降低或刀具卡住。
- 优化：使用内冷却刀具或高压切削液，改善切屑的断裂和排出。

（6）表面粗糙度不符合要求。
- 预测：如果切削参数选得不合适，可能会导致工件表面粗糙度超标。
- 优化：精细调整切削速度和进给率，选择合适的刀具几何角来改善表面质量。

为了自动调整参数优化加工效果，可以考虑以下措施。
- 使用数控加工中心，在刀具磨损到一定程度时，通过机床的刀具磨损补正功能自动调整切削参数。
- 采用自适应控制技术，根据实时监测到的切削力和振动情况自动调整进给速率和主轴转速。

- 设定机床预警系统，在刀具磨损、温度超标或切削力异常时及时报警并调整加工参数或暂停加工。

以上优化策略的实施，需要在机床的数控系统中进行编程，或者通过高级的监测和反馈系统进行自动调整。这些操作通常需要专业的数控编程知识和经验，以及对机床性能和加工工艺的深入理解。

从 ChatGPT 的答案中可以看出，整个工艺流程非常完整。其中根据要求给出了刀具相关信息，并在继续对话时还给出了加工过程中遇到何种问题及解决问题的方法。可以说，这个 ChatGPT 辅助工艺设计还是很成功的。

第 4 章 AI 辅助 2D 平面铣削加工

本章将介绍如何利用 AI 技术辅助 2D 平面铣削加工。我们将讨论如何结合 AI 来优化和改进传统的 2D 平面铣削加工过程,提高加工效率和加工质量,并介绍一些常用的 AI 工具及其使用方法。

4.1 2D 铣削加工介绍

2D 铣削加工是一种常见的金属加工工艺,主要用于平面、槽型、开槽等加工。2D 铣削的特点如下。
- 加工效率高,适合大批量生产。
- 可加工各种复杂形状的平面和槽型。
- 加工精度和表面质量较好。
- 属于平面二维刀路。

图 4-1 所示为 2D 铣削加工的部件及其刀路。通过观察 2D 铣削的属性,我们注意到,不同于通过三维模型定义加工形状,2D 铣削通过边界线来界定加工区域,这些边界线由边或曲线构成。这一点是 2D 铣削与其他类型铣削加工显著不同的地方,也是其特色所在。因此,2D 铣削能够执行其他加工方法难以处理的线性加工任务。

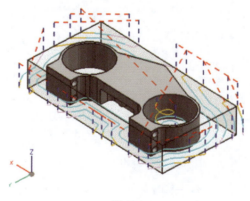

图 4-1

在 Mastrecam 软件环境下,2D 铣削加工分为标准切削和高速切削两大类。标准切削涵盖多种常规铣削方式，包括面铣加工（即平面铣削）、2D 挖槽加工、外形铣削加工、键槽铣削加工、模型倒角加工和木雕加工共 6 种。本节主要介绍前 3 种铣削加工方法。

4.1.1 面铣加工

面铣加工是一种铣削操作，旨在生成工件的平坦表面。这项操作是通过旋转的切削工具——面铣刀来完成的，面铣刀与工件表面接触，去除材料的上层，从而实现所需的表面平整度和精度。

为了达到理想的面铣加工效果，通常推荐使用直径尽可能大的面铣刀，这样可以在短时间内覆盖更大的工件表面，提高加工效率。虽然大直径的面铣刀在去除材料时更为高效，但在追求表面光洁度方面可能需要进行权衡。在选择切削参数时（如切削速度、进给率和切削深度），需要根据材料类型、所需的表面质量以及工件的具体要求来综合考虑。

在【机床】选项卡的【机床类型】面板中单击【铣床】/【默认】按钮，弹出【铣床-刀路】选项卡。在【铣床-刀路】选项卡的【2D】面板中单击【面铣】按钮，选取面铣串连后打开【2D 刀路-平面铣削】对话框，如图 4-2 所示。

图 4-2

在【2D 刀路-平面铣削】对话框中选择【切削参数】选项，显示【切削参数】面板，如图 4-3 所示。

在【切削参数】面板的【切削方式】下拉列表中有 4 种切削方式，如图 4-4 所示。

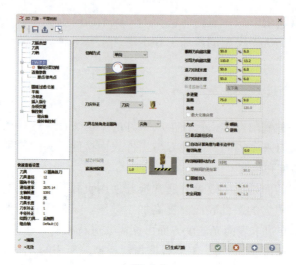

图 4-3

图 4-4

在【切削参数】面板中有刀具超出量的控制选项。刀具超出量控制包括4个方面，如图4-5所示。其参数含义如下。

- 截断方向的超出量：截断方向切削刀路超出面铣轮廓的量。
- 引导方向的超出量：引导方向切削刀路超出面铣轮廓的量。
- 进刀引线长度：面铣削导引入切削刀路超出面铣轮廓的量。
- 退刀引线长度：面铣削导引出切削刀路超出面铣轮廓的量。

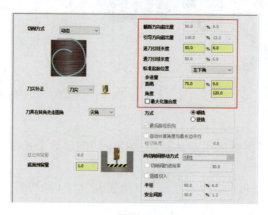

图 4-5

4.1 2D 铣削加工介绍

【例 4-1】面铣加工。

本例将对图 4-6 所示的零件毛坯进行面铣粗切铣削，粗切铣削刀路如图 4-7 所示。

图 4-6

图 4-7

1. 在快速访问工具栏中单击【打开】按钮，打开配套资源中的"源文件\Ch04\4-1.mcam"模型文件。打开的模型中包括零件和毛坯模型。

2. 在【机床】选项卡的【机床类型】面板中选择【铣床】/【默认】命令，弹出【铣床-刀路】选项卡。

3. 在【刀路】管理器面板中选择【毛坯设置】选项，在弹出的【机床群组设置】面板的【毛坯设置】选项卡中单击【从选择添加】按钮，然后在绘图区中选取毛坯模型，在【机床群组设置】面板中单击【确定】按钮，完成毛坯的定义，如图 4-8 所示。

图 4-8

4. 在【铣床-刀路】选项卡的【2D】面板中单击【面铣】按钮，弹出【实体串连】对话框。单击【环】按钮，再选取要加工的零件外边缘作为加工串连，如图 4-9 所示，单击【确定】按钮。

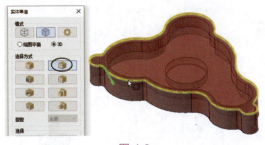

图 4-9

> **提示：** 加工串连是指铣削加工的边界线，这个边界线必须是连续且封闭的，所以称为"串连"。

069

5. 随后弹出【2D 刀路 - 平面铣削】对话框。在该对话框的左侧选项列表中选择【刀具】选项，在刀具列表空白位置单击右键，选择右键快捷菜单中的【创建刀具】命令，如图 4-10 所示。

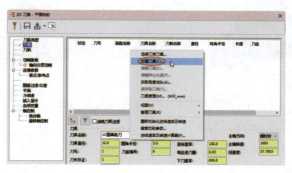

图 4-10

6. 在弹出的【定义刀具】对话框中选取刀具类型为【面铣刀】，单击【下一步】按钮，如图 4-11 所示。

图 4-11

7. 在【定义面铣刀】页面中设置刀具参数。单击【下一步】按钮，如图 4-12 所示。

图 4-12

8. 在【完成其他属性】页面中设置刀具的其他属性参数，最后单击【完成】按钮完成刀具的定义，如图 4-13 所示。

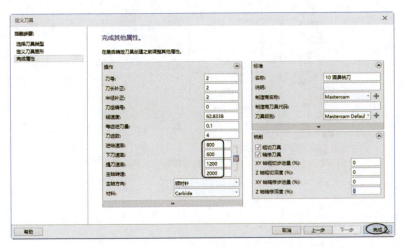

图 4-13

9. 在【2D 刀路 - 平面铣削】对话框的【切削参数】设置面板中设置切削参数，如图 4-14 所示。

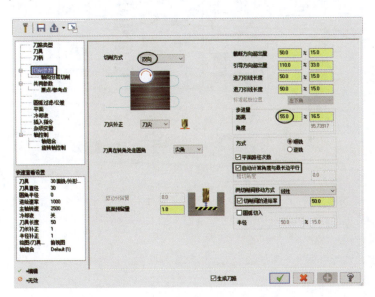

图 4-14

10. 在【轴向分层切削】设置面板中，设置轴向切削参数，如图 4-15 所示。
11. 在【2D 刀路 - 平面铣削】对话框中设置【共同参数】选项，如图 4-16 所示。

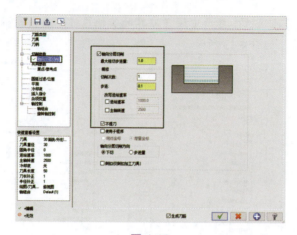

图 4-15

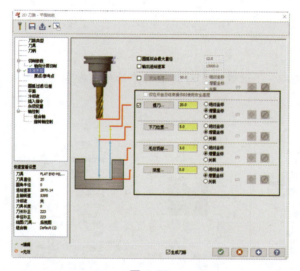

图 4-16

> **提示**：如果需要同时加工多个平面，除了要约束加工范围，最重要的是处理多个平面加工深度不一样的问题。本例中加工的两个平面，加工的起始平面和终止平面都不同，只是加工深度是一致，都在各自的起始位置往下加工 0.2mm。因此，此处将加工的串连绘制在要加工的起始位置平面上，将加工的工件表面和深度值都设置成增量坐标即可解决问题。工件表面相对二维曲线的距离均为 0，深度都是相对工件表面往下 0.2mm，这样就解决了多平面不在同一平面加工的问题。

12. 其余平面铣削参数保持默认设置，单击【2D 刀路 - 平面铣削】对话框中的【确定】按钮 ，生成平面铣削刀路，如图 4-17 所示。

13. 在【机床】选项卡的【模拟器】面板中单击【实体仿真】按钮 ，进入实体仿真界面中进行实体仿真,模拟结果如图 4-18 所示。

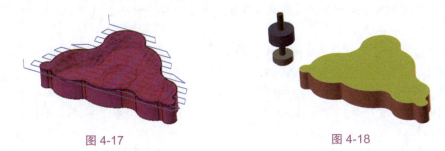

图 4-17　　　　　　　　　　　　　　图 4-18

4.1.2　2D 挖槽加工

在 Mastercam 中,2D 挖槽加工是指使用铣削工具在材料上制造特定深度和宽度的槽的过程。这种加工方式广泛应用于各种制造领域,适用于创建准确的槽形、凹槽或槽道。2D 挖槽加工可以使用各种类型的刀具完成,包括平端铣刀、球头铣刀和其他专用铣刀。在 Mastercam 中进行 2D 挖槽加工时,操作者可以精确控制刀路、加工深度、进给速率等参数,以满足特定的设计要求。

2D 挖槽加工的挖槽方式有标准、平面铣、使用岛屿深度、残料和开放式挖槽 5 种,如图 4-19 所示。

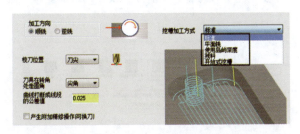

图 4-19

【例 4-2】零件凹槽挖槽加工。

本例将对图 4-20 所示的零件凹槽进行挖槽粗切铣削,粗切铣削刀路如图 4-21 所示。

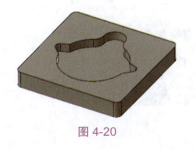　　

图 4-20　　　　　　　　　　　　　　图 4-21

1. 打开本例源文件"4-2.mcam"。
2. 在【机床】选项卡的【机床类型】面板中选择【铣床】/【默认】命令,弹出【铣床-刀路】选项卡。
3. 在【2D】面板中单击【挖槽】按钮,弹出【实体串连】对话框。选取零件凹槽的底平面边线作为加工边界,如图 4-22 所示。
4. 单击【确定】按钮,随后弹出【2D 刀路 -2D 挖槽】对话框。在对话框中的【刀具】面板中新建刀齿直径为 10mm(可表达为 D10)的平铣刀(不设圆角半径),如图 4-23 所示。

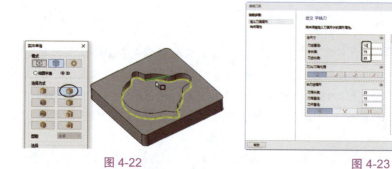

图 4-22　　　　　　　　　　图 4-23

5. 在【粗切】面板中设置粗切铣削切削方式以及切削间距等参数,如图 4-24 所示。

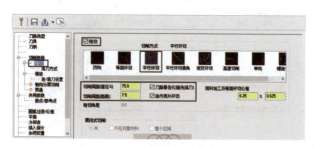

图 4-24

6. 在【进刀方式】面板中设置粗切铣削进刀参数,如图 4-25 所示。

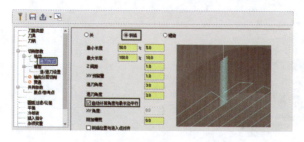

图 4-25

7. 在【精修】面板中设置精修参数，如图 4-26 所示。

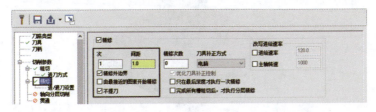

图 4-26

8. 在【轴向分层切削】面板中设置刀具在深度方向上的切削参数，如图 4-27 所示。

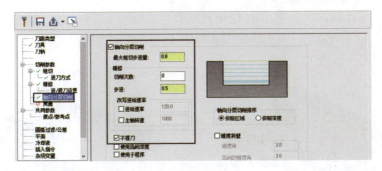

图 4-27

9. 保留其他切削参数的默认设置，最后单击【2D 刀路 -2D 挖槽】对话框中的【确定】按钮，自动生成刀路，如图 4-28 所示。

10. 在【刀路】管理器面板中选择【毛坯设置】选项，弹出【机床群组设置】面板，在【毛坯设置】选项卡中单击【从选择添加】按钮，然后选取零件作为毛坯参考，如图 4-29 所示。单击【确定】按钮完成毛坯的定义。

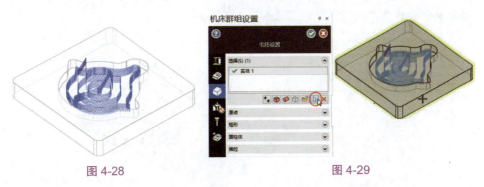

图 4-28　　　　　　　　　　图 4-29

11. 单击【实体仿真】按钮，进行实体仿真模拟，如图 4-30 所示。

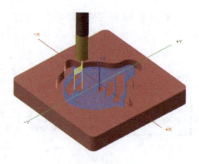

图 4-30

【例 4-3】零件凸台挖槽加工。

相对于零件凹槽的加工，2D 挖槽铣削类型也适用于零件凸台（侧壁可为斜面，也可为垂直面）的加工。本例将对图 4-31 所示的零件凸台进行挖槽粗切铣削，粗切铣削刀路如图 4-32 所示。

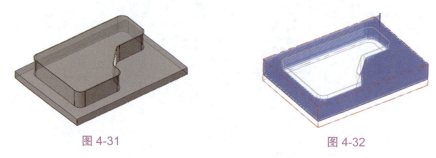

图 4-31　　　　　　　　　图 4-32

1. 打开本例源文件"4-3.mcam"。

2. 在【机床】选项卡的【机床类型】面板中选择【铣床】/【默认】命令，弹出【铣床 - 刀路】选项卡。

3. 在【2D】面板中单击【挖槽】按钮 ▣，弹出【实体串连】对话框。选取零件凸台底座平面的内外边线作为加工边界，如图 4-33 所示。

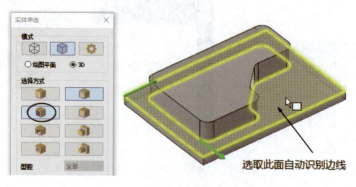

图 4-33

4. 随后弹出【2D刀路-2D挖槽】对话框。在【刀具】面板中新建刀具直径为10mm的圆鼻铣刀（圆角半径为2.5mm），设置进给速率为"500"，主轴转速为"3000"，如图4-34所示。

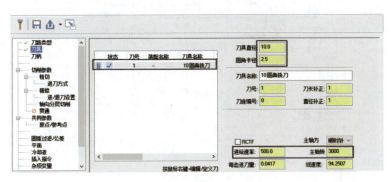

图 4-34

5. 在【切削参数】面板中设置挖槽加工方式为【平面铣】，如图4-35所示。

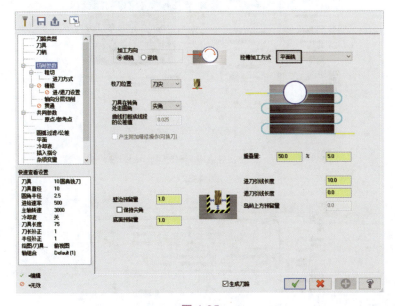

图 4-35

6. 在【粗切】面板中选择【等距环切】切削方式，并设置切削间距等参数，如图4-36所示。
7. 在【进刀方式】面板中选择进刀方式为【斜插】，如图4-37所示。
8. 在【精修】面板中设置精修参数，如图4-38所示。

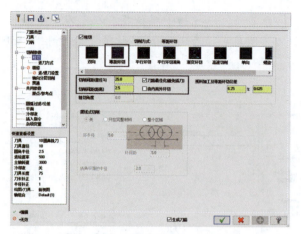

图 4-36

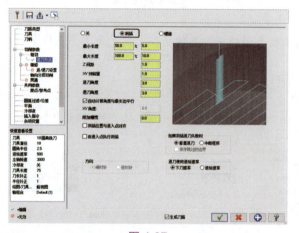

图 4-37

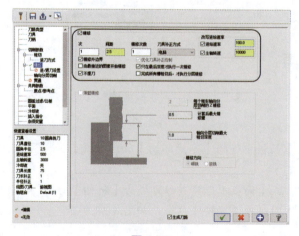

图 4-38

9. 在【轴向分层切削】面板中设置轴向分层切削参数，如图 4-39 所示。

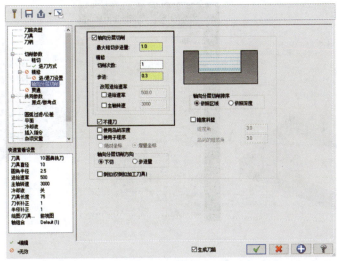

图 4-39

10. 在【共同参数】面板中设置相关参数，如图 4-40 所示。

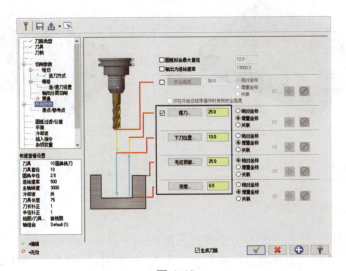

图 4-40

11. 保留其他切削参数的默认设置，最后单击【2D 刀路 -2D 挖槽】对话框中的【确定】按钮，自动生成刀路，如图 4-41 所示。

12. 在【刀路】管理器面板中选择【毛坯设置】选项，弹出【机床群组设置】面板，在【毛坯设置】选项卡中单击【从选择添加】按钮，然后选取零件作为毛坯参考，如图 4-42 所示。单击【确定】按钮完成毛坯的定义。

图 4-41　　　　　　　　　　　　　　图 4-42

13. 单击【实体仿真】按钮 ，进行实体仿真模拟，如图 4-43 所示。

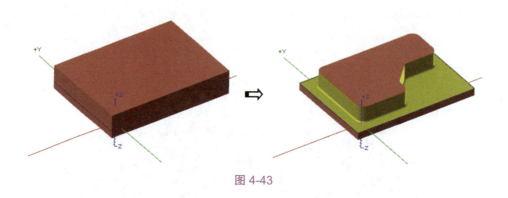

图 4-43

4.1.3　外形铣削加工

外形铣削加工是在工件外边缘进行铣削的加工过程，目的是形成或修整工件的外部轮廓。这种加工方式对于制造具有复杂外形的零件特别有用，因为它可以精确地按照预定的路径移除材料，从而达到设计要求的外观和尺寸。

在【铣床 - 刀路】选项卡的【2D】面板中单击【外形】按钮 ，选取串连后弹出【2D 刀路 - 外形铣削】对话框，在【切削参数】面板中包含 5 种外形铣削方式，分别是 2D、2D 倒角、斜插、残料和摆线式，如图 4-44 所示。

4.1 2D 铣削加工介绍

图 4-44

【例 4-4】外形铣削加工。

本例将对图 4-45 所示的零件进行外形铣削粗切铣削，粗切铣削刀路如图 4-46 所示。

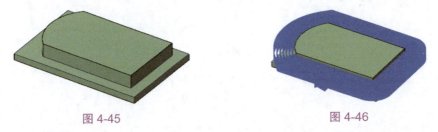

图 4-45　　　　　　　　　　　　　图 4-46

1. 打开本例源文件 "4-4.mcam"。在【机床】选项卡的【机床类型】面板中选择【铣床】/【默认】命令，弹出【铣床 - 刀路】选项卡。

2. 在【2D】面板中单击【外形】按钮，弹出【实体串连】对话框，选取外形串连，如图 4-47 所示。

图 4-47

3. 随后弹出【2D 刀路 - 外形铣削】对话框。在【刀具】面板中新建 D30 的平铣刀（总长度为 110），创建方法与前面创建平铣刀的方法是一致的。

4. 在【2D 刀路 - 外形铣削】对话框的【切削参数】面板中设置切削参数，如图 4-48 所示。

第 4 章　AI 辅助 2D 平面铣削加工

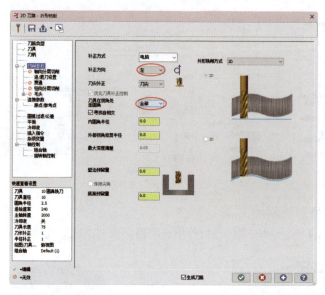

图 4-48

> **提示**：此处的补正方向要参考刚才选取的外形串连的方向和要铣削的区域，本例要铣削轮廓外的区域，所以补正方式为"电脑"，补正方向为"左"。如果所选外形串连的方向是逆时针，那么此处设置补正方向为"右"，反之则设置为"左"。补正方向的判断法则是：假若人面向串连方向，并沿串连方向行走，要铣削的区域在人的左手侧即向左补正，在右手侧即向右补正。

5. 在【轴向分层铣削】面板中设置轴向分层切削参数，如图 4-49 所示。

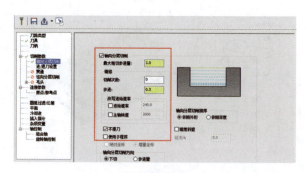

图 4-49

6. 在【进 / 退刀设置】面板中设置进刀和退刀参数，如图 4-50 所示。
7. 在【径向分层切削】面板中设置径向分层切削参数，如图 4-51 所示。
8. 在【连接参数】面板中设置相关参数，如图 4-52 所示。

4.1 2D 铣削加工介绍

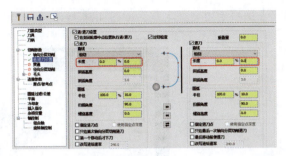

图 4-50

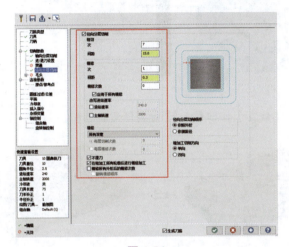

图 4-51

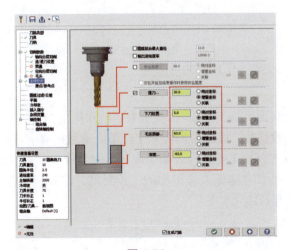

图 4-52

9. 单击【2D-外形铣削】对话框中的【确定】按钮 ✓，生成刀路，如图 4-53 所示。
10. 在【刀路】管理器面板中选择【毛坯设置】选项，弹出【机床群组设置】

083

面板，在【毛坯设置】选项卡中定义毛坯，如图 4-54 所示。

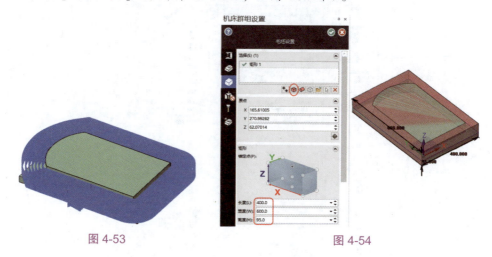

图 4-53　　　　　　　　　　　　　图 4-54

11. 单击【实体仿真】按钮，进行实体仿真模拟，如图 4-55 所示。

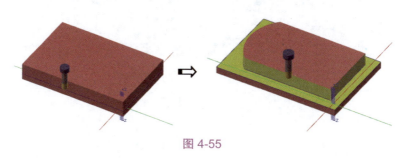

图 4-55

4.2　AI 辅助 2D 铣削加工

AI 辅助 2D 铣削加工是指利用 AI 技术来辅助和优化 2D 平面加工的过程，包括工艺路径规划、参数优化、缺陷检测等多个环节。通过机器学习、计算机视觉等 AI 技术的应用，可以实现加工路径的智能生成、实时监控和自适应的优化，提高加工精度、效率和一致性，并降低人工操作的工作强度。AI 辅助有望显著提升传统 2D 铣削加工的自动化和智能化水平。

4.2.1　AI 生成 2D 铣削加工代码

AI 可以通过以下几种方式辅助 Mastercam 编程。
- 代码生成：AI 可以根据用户的需求，快速生成初步的脚本代码框架，从而节省编程时间。用户只需输入关键参数和要求，AI 即可生成相应的代码。

4.2 AI 辅助 2D 铣削加工

- 代码优化：AI 具有分析代码逻辑和架构的能力，可以审查现有代码，发现潜在的错误、低效代码，并提供优化建议。
- 代码解释：对于复杂的代码逻辑，AI 可以通过代码解释，帮助用户更好地理解代码的功能和执行流程。
- 编程辅助：在编写代码的过程中，AI 可以根据上下文提供智能代码补全、代码修正等建议，提高编码效率。
- 文档生成：AI 可以自动解析代码，生成规范的代码文档说明，方便代码后续的维护。

AI 大语言模型 ChatGPT 能协助编程人员做一些简单的模型分析和 G 代码生成，比如分析平板类的模型，生成平面铣削和钻孔铣削的 G 代码。要检验 ChatGPT 生成的 G 代码是否可靠，可将 G 代码输入数控仿真系统中进行仿真，若不能仿真，则该 G 代码有错误，需修改。

一、利用 ChatGPT 生成代码

下面通过实例详细介绍 ChatGPT 生成 G 代码的过程。本例用 OpenSCAD 创建的模型进行演示操作。要加工的零件如图 4-56 所示。

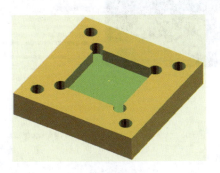

图 4-56

【例 4-5】利用 ChatGPT 生成 G 代码。

不同的数控系统，其 G 代码的引用也会有所不同。在 ChatGPT 中要生成合乎要求的 G 代码，就要告知 ChatGPT 验证 G 代码的数控系统及机床，避免出现乱码。

1. 在 ChatGPT 中开启 Data Analyst 插件功能。
2. 单击【导入文件】按钮⓪，从本例源文件中打开【模板.scad】文件，然后输入需求"根据提供的 OpenSCAD 文件，分析后给出合理的加工工艺，包括加工工序、刀具数及刀具规格等信息"，如图 4-57 所示。

> **提示**：本来可以延续前面 Data Analyst 给出的加工工艺分析，直接要求 ChatGPT 给出加工代码，但是本例是通过导入 3D 模型来分析并获取 G 代码，所以还需要重新让 Data Analyst 给出加工工艺分析，以便后续能正确生成 G 代码。

图 4-57

3. 发送聊天信息，ChatGPT 随后给出合理的加工工艺方案，如图 4-58 所示。从中可看出，这个方案基本上满足了加工需求。如果要更精确的工序操作，可将毛坯料尺寸及材料类型告诉 ChatGPT，如图 4-59 所示。

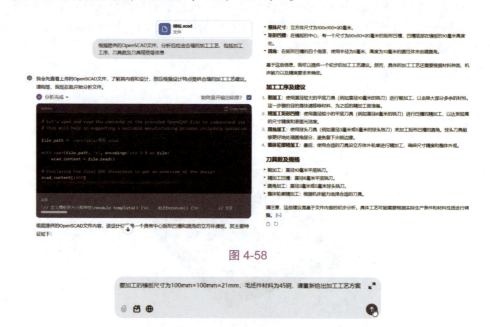

图 4-58

图 4-59

4. ChatGPT 随后自动生成新工艺方案，列出如下。

根据更新的信息，我们需要加工的是一个尺寸为 100mm×100mm×21mm 的模板，材料为 45 钢。45 钢是一种优质碳素结构钢，具有较好的机械性能和加工性能。对于这种材料和尺寸的加工，我们需要详细规划加工工艺来确保加工质量和效率。

加工工艺方案

1. 材料准备

- 选择尺寸略大于 100mm×100mm×21mm 的 45 钢毛坯件，以便在加工过程中留有足够的加工余量。

2．粗切铣削

● 工序：使用大直径的平底铣刀进行粗切铣削，快速去除多余的材料，预留 1～2mm 的加工余量以便精加工。

● 刀具：建议使用直径为 16mm 或更大的硬质合金平底铣刀，以适应 45 钢的加工硬度。

● 参数：根据机床能力和刀具材料调整切削速度和进给率，通常 45 钢的粗切铣削切削速度可设为 60～90m/min，进给率为 0.1～0.5mm/齿。

3．精加工

● 工序：对模板的整体尺寸和特定细节进行精加工，确保尺寸精度和表面光洁度。

● 刀具：使用直径为 8～12mm 的硬质合金平底铣刀进行整体尺寸的精加工；对于矩形凹槽和圆角，可选用直径较小的铣刀和球头铣刀进行精细处理。

● 参数：精加工的切削速度可稍低于粗切铣削，如 50～70m/min，进给率调整为 0.04～0.2mm/齿，以获得更好的表面质量。

4．表面处理

● 工序：根据需要进行表面热处理或涂层处理，以提高模板的耐磨性或减少摩擦。

● 细节：45 钢可进行渗碳、氮化等表面强化处理，或者涂覆硬质材料以延长使用寿命。

5．最终检查

● 工序：完成加工后，进行尺寸和表面质量的最终检查，确保模板符合设计要求。

注意事项

● 在加工 45 钢时，应注意刀具的冷却和润滑，避免因过热而损伤刀具或影响工件的尺寸精度。

● 根据实际加工条件（如机床能力、刀具状况等），上述参数可能需要相应调整。

这个加工工艺方案为初步建议，实际加工中可能需要根据机床的实际情况和刀具性能进行适当调整。

5．接下来继续输入文本："请依据你所生成的加工工艺，为模板零件生成 NC 加工的 G 代码，须自动换刀，数控机床及系统为 FANUC 3 轴铣削加工中心。"ChatGPT 随后自动生成 G 代码，如图 4-60 所示。

图 4-60

二、加工模拟及代码优化

Mastercam 可将加工操作输出为 G 代码,但不能导入 G 代码进行模拟,这时需要在 CIMCO Edit 2023 软件中单独进行 G 代码仿真,以确保 G 代码能够作为实际加工的 NC 代码。

CIMCO Edit 2023 软件可以从其官方网站中下载,安装只需要几步即可完成,图 4-61 所示为 CIMCO Edit 2023 软件的工作界面。

图 4-61

下面通过实例详解 CIMCO Edit 2023 软件的 G 代码仿真操作步骤。

【例 4-6】利用 CIMCO Edit 2023 进行 G 代码仿真。

1. 复制 ChatGPT 中自动生成的 G 代码。
2. 在 CIMCO Edit 2023 软件的代码编辑区粘贴已复制的 G 代码，如图 4-62 所示。

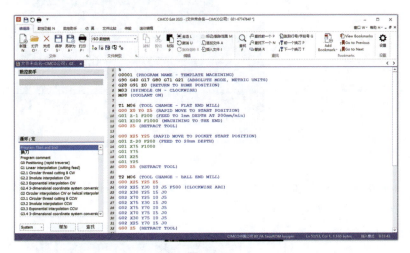

图 4-62

3. 切换到【仿真】选项卡，单击【刀位仿真】选项组中的【刀位仿真】按钮 刀位仿真，进入仿真界面，如图 4-63 所示。

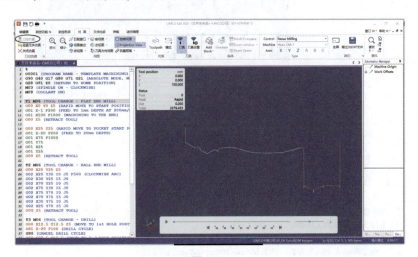

图 4-63

> **提示**：如果是 Mastercam 或其他数控加工软件生成的 G 代码文件（NC 文件），可以单击【磁盘文件仿真】按钮 磁盘文件仿真，将 NC 文件导入 CIMCO Edit 2023 中进行仿真。

4. 仿真界面的中间区域显示了刀路轨迹,在底部的播放器中单击【开始/结束仿真】按钮▶,可以播放刀具的动态加工过程,如图4-64所示。

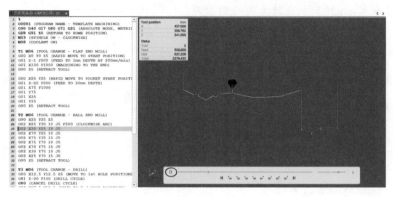

图 4-64

5. 如果需要显示毛坯,可在【仿真】选项卡的【实体】选项组中单击【Add Stock】按钮,结果如图4-65所示。

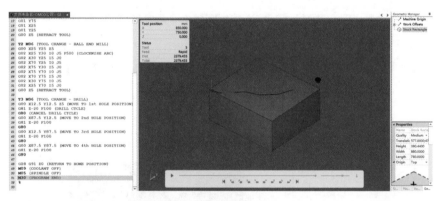

图 4-65

6. 从刀路及加工轨迹可以看出,ChatGPT生成的G代码并不符合设计需求,应该是没有读懂我们给出的提示,需要进一步交流。到ChatGPT中将仿真结果告诉它,让它重新生成G代码,如图4-66所示。看看它到底能不能生成完全正确的G代码。

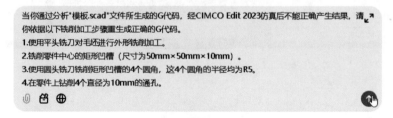

图 4-66

7. 随后 ChatGPT 再次给出了新的 G 代码，复制新代码到 CIMCO Edit 2023 的代码编辑器中粘贴，并重新播放动态加工过程，仿真结果如图 4-67 所示。发现再次生成的 G 代码没有太大变化，仍然无法满足我们的需求。

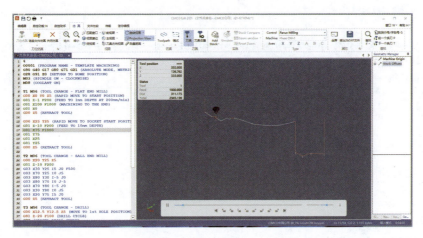

图 4-67

8. 接下来我们让 ChatGPT 重新识别"模板.scad"文件，并让它按照工序步骤分段生成 G 代码，试试能否解决 G 代码问题。重新建立对话，并创建一些提示给 ChatGPT，以便提升准确度。在 ChatGPT 界面的右上角单击用户名后弹出功能菜单，选择【自定义 ChatGPT】命令，弹出【自定义 ChatGPT】面板。

9. 在【您希望 ChatGPT 了解您的哪些方面以便提供更好的回复？】文本框和【您希望 ChatGPT 如何进行回复？】文本框内分别输入文本内容，单击【保存】按钮，如图 4-68 所示。

图 4-68

10. 在 ChatGPT 左侧边栏中单击【新聊天】按钮新建对话。导入"模板 .scad"文件，并重新输入需求，如图 4-69 所示。

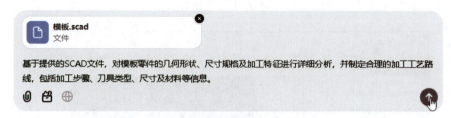

图 4-69

> **提示**：仔细检查 ChatGPT 给出的信息，如果发现不正确，就单击聊天文本框旁边的 Regenerate 按钮重新生成答案，以更正错误。如果多次重新生成的答案还是有错误，可将错误直接告诉 ChatGPT，让其给出正确答案，避免后续创建 G 代码时出现一连串的错误。

11. 以下是 ChatGPT 给出的工序步骤和刀具信息，如图 4-70 所示。因信息量大，故将部分信息用文字形式表达。

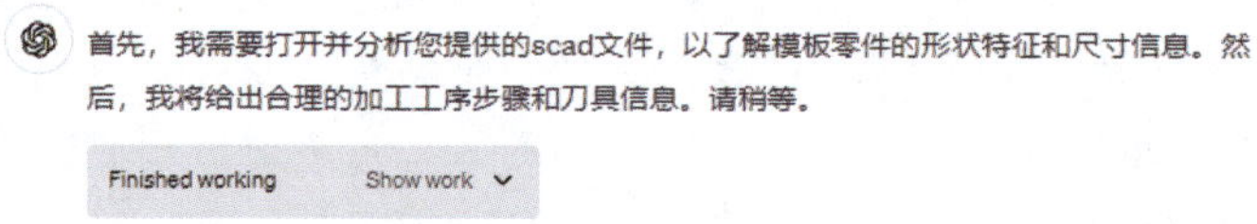

图 4-70

根据初始分析，这个 SCAD 文件中描述了一个模板零件。其中包含：

1．基础形状是一个 100mm×100mm×20mm 的立方体。

2．一个位于中心的 50mm×50mm 矩形凹槽，深度为 10mm。

3．4 个直径为 10mm、深度为 10mm 的圆孔。分别位于左上角、左下角、右上角和右下角。

接下来，我将给出合理的加工工序和刀具信息。

工序 1：粗切铣削立方体

- 刀具：平面铣刀，刀径为 10mm
- 主轴转速：5000RPM
- 进给速率：1000mm/min
- 切削深度：5mm

工序 2：精加工立方体

- 刀具：平面铣刀，刀径为 6mm
- 主轴转速：7000RPM

- 进给速率：800mm/min
- 切削深度：2mm

工序 3：加工矩形凹槽
- 刀具：球头铣刀，刀径为 8mm
- 主轴转速：6000RPM
- 进给速率：900mm/min
- 切削深度：5mm

工序 4：加工 4 个圆孔（圆角处理）
- 刀具：钻头，刀径为 10mm
- 主轴转速：4000RPM
- 进给速率：500mm/min

工序 5：加工 4 个圆孔（导柱孔）
- 刀具：钻头，刀径为 10mm
- 主轴转速：4000RPM
- 进给速率：500mm/min

12. 接下来让 ChatGPT 生成完整的 G 代码，看看结果是否满足要求。如果不满足，可按照工序步骤分段生成 G 代码。完整的代码生成结果如图 4-71 所示。

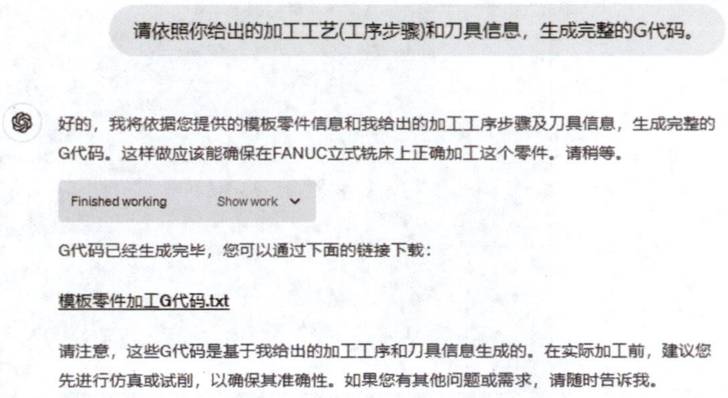

图 4-71

13. 由于生成的 G 代码比较多，ChatGPT 将 G 代码以记事本文件存放，并给出了下载链接。单击 模板零件加工G代码.txt 即可下载 G 代码的记事本文件。打开记事本文件查看 G 代码，如图 4-72 所示。

14. 将 G 代码全部复制并粘贴到 CIMCO Edit 2023 中进行仿真，刀路预览如图 4-73 所示。

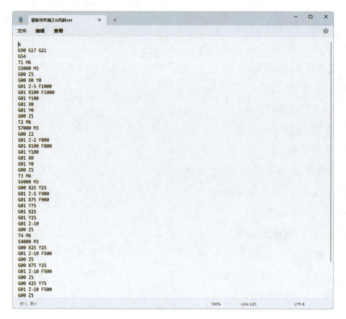

图 4-72

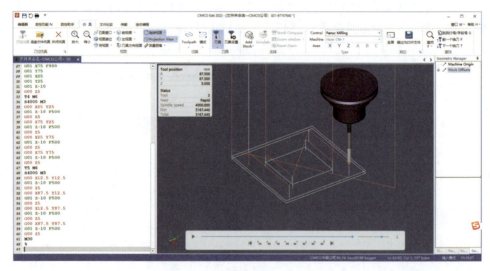

图 4-73

15. 接着增加毛坯进行仿真，仿真结果如图 4-74 所示。从结果来看，刀路还需进一步完善，主要问题：1）没有铣削模板零件表面 1mm 的往复式刀路，设置每个切削层深度为 0.2mm；2）没有形成矩形凹槽的往复式刀路，仅铣削了凹槽的边缘，设置每个切削层深度为 1mm；3）凹槽的圆角孔钻削深度超出了 10mm，保持与矩形凹槽深度一致；4）4 个导柱孔的钻削深度不够；5）值得注意的是，第一个工序完成后，后面几个工序是在第一个工序遗留下来的工件上继续工作的。

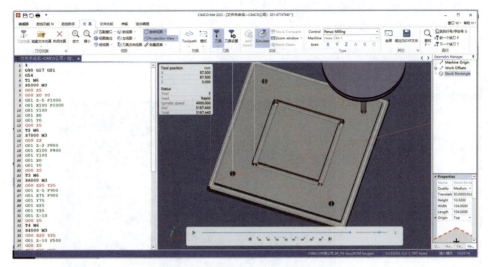

图 4-74

16. 将问题表述给 ChatGPT，让其重新生成 G 代码，如图 4-75 所示。

图 4-75

17. 根据新生成的 G 代码再次查看实体仿真结果，如图 4-76 所示。我们发现仿真结果还不令人满意，需要进一步修改 G 代码。问题表现在以下几个方面：1）模板零件的表面铣削刀路是错误的，生成的是沿轮廓铣削的刀路，需要用往复式刀路来铣削整个零件表面，且表面铣削的总深度为 1mm，每一切削层深度设为 0.2mm，采用直径为 20mm 的平底铣刀；2）中间矩形凹槽加工后有残料，需要减少步进距离，即增加步路数，采用直径为 10mm 的平底铣刀；3）增加一个沿轮廓铣削的刀路，用来清除矩形凹槽边缘的残料。

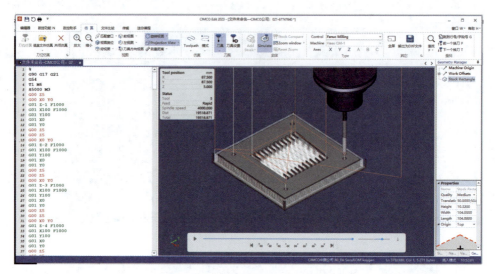

图 4-76

18. 将发现的问题再次表述给 ChatGPT，让其重新生成更为准确的 G 代码，如图 4-77 所示。

图 4-77

19. 打开 G 代码的记事本文件，将最终版的 G 代码复制到 CIMCO Edit 2023 中进行仿真，刀路预览和仿真结果如图 4-78 所示。

4.2 AI 辅助 2D 铣削加工

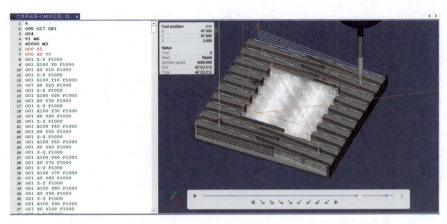

图 4-78

20. 从仿真结果看，ChatGPT 仍然没有彻底解决问题，发现这个问题出现在铣削零件表面。结合 G 代码来看，每一刀的切削深度为 2mm，这与我们所提出的要求是不符的。另外，表面往复式刀路的步进距离太大，导致有大量残料在表面。其他刀具也要修改。由于 ChatGPT 有问答数量的限制，本次修正需要我们自己在 CIMCO Edit 2023 中手动修改。

21. 在【仿真】选项卡的【刀具】选项组中单击【刀具设置】按钮 ，弹出【Tool Manager】窗口。双击编号为 1 的刀具进行编辑，如图 4-79 所示。

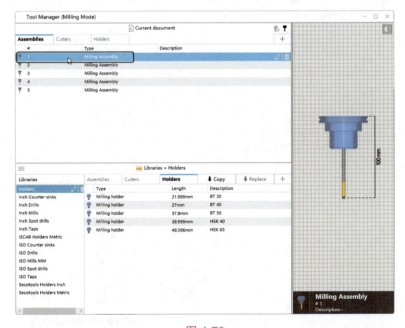

图 4-79

22. 弹出编辑刀具设计的【Design】选项卡，在【End mill – Flat】选项右侧单击【Edit component】按钮 ⌀，如图 4-80 所示。

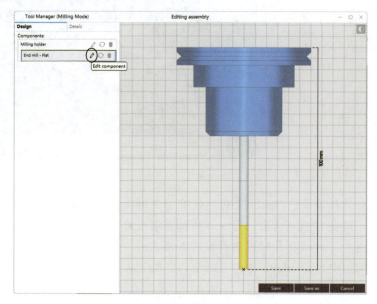

图 4-80

23. 随后展开更为详细的编辑组件选项，这里仅修改部分刀具参数即可，如图 4-81 所示。修改后单击【Save】按钮保存。

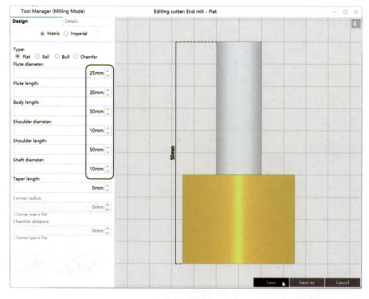

图 4-81

24. 按照同样的操作方法，接着修改 T2～T5 的刀具直径均为 10mm。修改完成后关闭刀具管理器窗口。刀具修改后仿真效果随之更新，结果显示不再有残料存在，如图 4-82 所示。

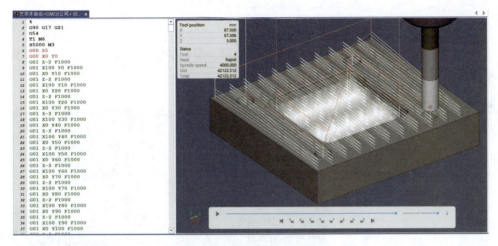

图 4-82

25. 但第一个工序中出现了多余的空刀，这是由于 ChatGPT 无法理解每一刀的切削深度，所以它给出的每一刀的深度仍然为 2mm，且总深度为 10mm。我们继续手动修改切削深度。切换到【编辑器】选项卡，在代码编辑区的第 8 行，修改所有 Z-2 的值为 Z-10.2，接着修改 T1 刀具下所有的 Z-4 为 Z-10.4、Z-6 为 Z-10.6、Z-8 为 Z-10.8、Z-10 为 Z-11，修改代码后的仿真效果如图 4-83 所示。

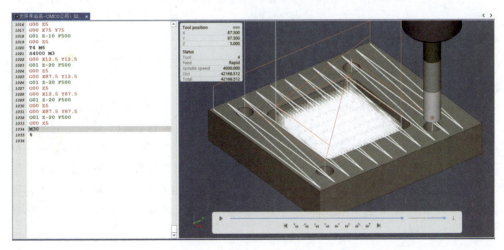

图 4-83

第4章 AI 辅助 2D 平面铣削加工

> **提示**：刀具是从 Z5 的安全高度开始走刀的，由于零件表面距离 Z=0 的距离为 10mm，且刀具往下是采用负值来表达的，所以第一刀的深度值应该是 −10.2，表示在 −10 的位置（表面）开始往下切削，且切削深度为 0.2mm。依此类推，第二刀到第五刀依次是 −10.4、−10.6、−10.8、−11。

从预览效果看，基本上满足了实际加工需求，最终的实体仿真加工结果如图 4-84 所示。

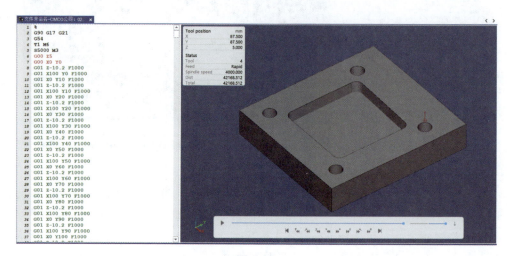

图 4-84

26. 至此，基本实现了基于 ChatGPT 从生成三维模型、输出 SCAD 数据、分析加工工艺、生成 G 代码和 G 代码仿真模拟的 AI 全流程。最后将 CIMCO Edit 2023 的 G 代码保存以备后用。

4.2.2 CAM AI 自动化编程

新加坡的 Temujin Marketplace 公司在 2020 年开发了一款名为 Temujin CAM 的工具。这款工具能够从 STL 文件或 DXF/SVG 文件中生成 G 代码，且操作简单，用户只需拖放文件并进行少量设置，即可实现自动化的工艺路径生成。Temujin CAM 还提供了对自动化潜在价值的思考。该工具通过服务器端计算，能够在自动化工作流中为用户量身定制所需部件。此外，对于 CNC 切削加工的公司，Temujin CAM 还提供了自动化报价请求（Request For Quotation，RFQ）的功能，取代了缓慢、昂贵的来回报价过程。

一、Temujin CAM 功能介绍

Temujin CAM 有两大板块：CAM 常规铣削和雕刻铣削。CAM 常规铣削又包括

2D 平面铣削和 3D 曲面铣削。

Temujin CAM 的主页如图 4-85 所示。

图 4-85

> **提示**：Temujin CAM 的主页默认语言为英文，可通过翻译工具进行翻译。

在 Temujin CAM 主页的右上角选择【计算机辅助制造】链接可进入 CAM 铣削加工初始页面，如图 4-86 所示。

图 4-86

当用户导入模型文件（2D 或 3D）后，Temujin CAM 自动进入 CAM 铣削加工操作页面，如图 4-87 所示。

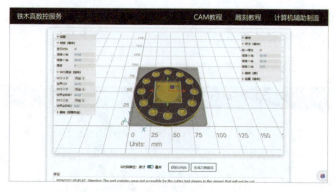

图 4-87

二、AI 辅助平面铣削加工案例

本例将对图 4-88 所示的零件进行铣削加工，包括零件粗切铣削和精加工。最终生成的加工刀路如图 4-89 所示。

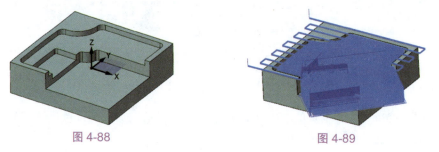

图 4-88　　　　　　　　　　　　图 4-89

本例零件中有多个开放凹槽，各槽的深度均一样，各槽的大小不同。Temujin CAM 将会自动分析零件并给出合理的加工方案。

【例 4-7】自动生成刀路和 G 代码。

1. 进入 Temujin CAM 的铣削加工初始页面，然后单击【选择文件】按钮，如图 4-90 所示。

图 4-90

2. 通过弹出的【打开】对话框，从本例源文件夹中打开"4-5.stl"文件。接着在弹出的【尺寸和单位】页面中设置单位，再单击【继续】按钮，如图4-91所示。

图 4-91

3. 随后进入 Temujin CAM 的铣削加工操作页面。在视图窗口左上角的参数设置面板中设置毛坯尺寸。修改 X 轴、Y 轴和 Z 轴上的毛坯厚度值（例如零件厚度为 30mm，毛坯厚度应大于 30mm，可设置为 35mm），如图 4-92 所示。

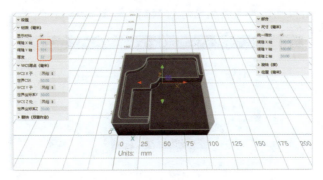

图 4-92

4. 由于要加工的零件是毛坯，所以需要先粗切铣削，再精加工，以完成铣削加工。在【刀具】选项组中设置 T01 的粗切铣削刀具参数，如图 4-93 所示。

图 4-93

第4章 AI 辅助 2D 平面铣削加工

> **提示**：建议分两次操作以完成设置，如果同时设置粗切铣削和精加工，那么达不到 Mastercam 中的那种先粗后精的效果。

5. 在【设置】选项组中设置 Z 轴间隙和 G 代码主轴等选项，如图 4-94 所示。

图 4-94

6. 保留其他选项及参数的默认设置，在视图窗口下方单击【生成刀路】按钮，自动完成粗切铣削操作，并生成相应的 G 代码，如图 4-95 所示。

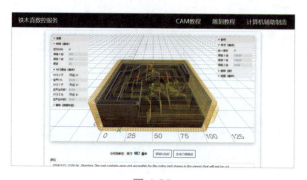

图 4-95

7. 单击【获取 G 代码】按钮，将粗切铣削代码保存到计算机本地磁盘中（先是粗切铣削代码，后是精加工代码），如图 4-96 所示。

图 4-96

8. 在 Temujin CAM 的铣削加工操作页面中设置精加工的 T02 刀具选项，如图 4-97 所示。

图 4-97

9. 设置 Z 轴间隙（毛坯余量），如图 4-98 所示。

图 4-98

10. 最后生成精加工刀路，并将精加工刀路保存。

三、G 代码仿真验证

Temujin CAM 生成的 G 代码需要验证，以便及时发现问题并正确修改。本例使用 CIMCO Edit 2023 进行仿真及验证操作。

【例 4-8】G 代码仿真验证。

1. 将保存的"4-5-T01.nc"文件以记事本方式打开，可见 T01 刀具后面缺少 M6 换刀指令，需要添加该指令，否则在仿真时不会显示刀具和仿真验证的结果。同理，打开"4-5-T02.nc"文件并添加 M6 指令，如图 4-99 所示。

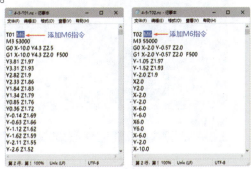

图 4-99

2. 启动 CIMCO Edit 2023，如图 4-100 所示。

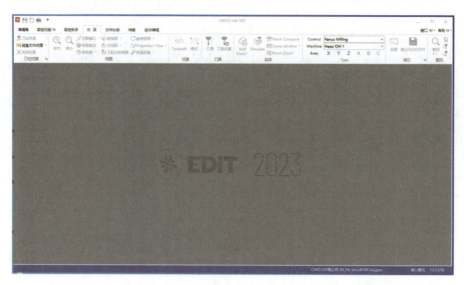

图 4-100

3. 在【仿真】选项卡的【刀位仿真】面板中单击【磁盘文件仿真】按钮，将前面保存的粗切铣削 NC 文件 "4-5-T01.nc" 打开，在图形区中显示粗切铣削刀路，如图 4-101 所示。

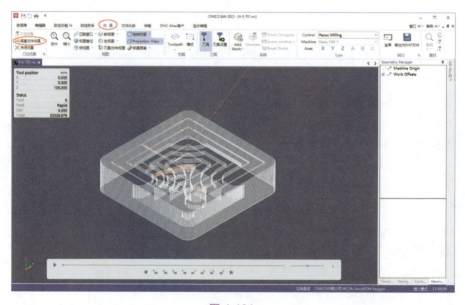

图 4-101

4. 在【仿真】选项卡的【实体】选项组中单击【Add Stock】按钮，显示毛坯，然后在右下角设置毛坯尺寸，如图 4-102 所示。

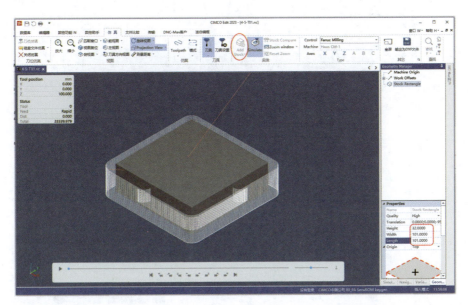

图 4-102

5. 在【仿真】选项卡的【刀具】选项组中单击【刀具设置】按钮，弹出【Tool Manager（刀具管理器）】窗口。双击编号为 1 的刀具进行编辑，如图 4-103 所示。

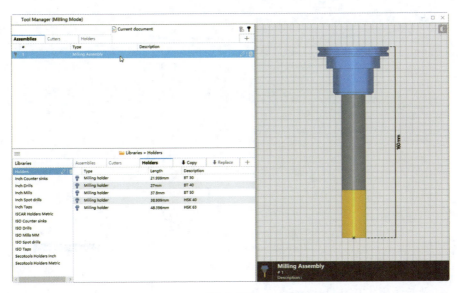

图 4-103

6. 弹出【Design】选项卡，在【End mill – Flat（立铣刀——平）】选项右侧单击【Edit component（编辑组件）】按钮 ⌀，如图 4-104 所示。

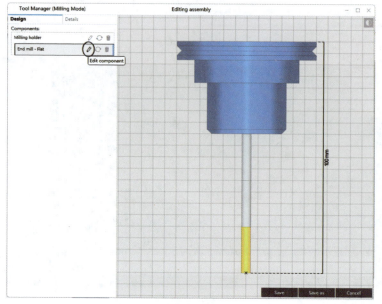

图 4-104

7. 随后弹出详细的编辑组件选项，修改部分刀具参数即可。修改后单击【Save】按钮保存，如图 4-105 所示。

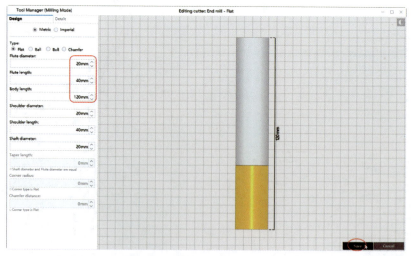

图 4-105

8. 最后关闭【Tool Manager】窗口。
9. 在底部的播放器工具条中单击【开始/结束仿真】按钮▶，可以播放刀具的动态加工过程，如图 4-106 所示。从结果可见，由 Temujin CAM 自动生成的 G 代码是完全正确的。

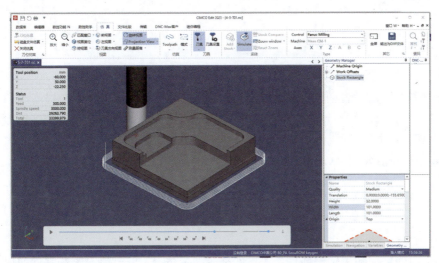

图 4-106

10. 以同样的操作方法，可对精加工刀路进行仿真验证，不再赘述。

第 5 章　AI 辅助 3D 曲面与多轴铣削加工

随着制造业向智能化、数字化方向发展，先进的金属加工技术在提高产品质量和生产效率方面发挥着越来越重要的作用。其中，3D 曲面铣削和多轴铣削作为典型的复杂加工技术，如何与 AI 技术结合受到了广泛关注。

本章将重点介绍 AI 工具在 3D 曲面铣削和多轴铣削加工中的实际应用。

■ 5.1　3D 曲面铣削与多轴铣削加工介绍

3D 曲面铣削和多轴铣削作为先进的金属加工技术，能够满足复杂零件的加工需求，因此在航空航天、汽车制造等领域被广泛应用。

5.1.1　3D 曲面铣削加工

曲面铣削适用于切削带锥度的壁以及轮廓底部为曲面的部件。图 5-1 所示为曲面铣削的零件。

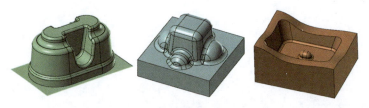

图 5-1

在【铣床 - 刀路】选项卡的【3D】面板中展开该面板所有的工具命令，其中包含了曲面铣削的粗切（也称"粗加工"或"粗铣"）和精切（也称"精加工"或"精铣"）铣削类型。也可以在【机床】选项卡的【机床类型】面板中选择【铣床】/【默认】命令，弹出【铣床 - 刀路】选项卡，在【3D】面板中也显示所有曲面铣削加工的类型，如图 5-2 所示。

图 5-2

> **提示**：本章中的"精切"和"精加工"是一个意思，没有必要统一说法。因为我们在实际加工和数控切削理论中总是称为"精加工"，而"精切"是 Mastercam 软件中的名词，不能改成"精加工"。

Mastercam 中，粗切和精切的工具命令可相互应用，也就是说，使用粗切工具命令既可以进行粗切切削，也可以进行精切切削。

5.1.2 多轴铣削加工

随着机床等基础制造技术的发展，多轴（3 轴及 3 轴以上）机床在生产制造过程中的使用越来越广泛。尤其是针对某些复杂曲面或者精度非常高的机械产品，加工中心的大面积覆盖将多轴加工技术推广得越来越普遍。

现代制造业所经常面对的是具有复杂型腔的高精度模具制造和复杂型面产品的外型加工，其共同特点是以复杂三维型面为结构主体，整体结构紧凑，制造精度要求高，加工成型难度极大。适用于多轴加工的零件如图 5-3 所示。

Mastercam 2024 的多轴铣削加工工具集中在【铣床 - 刀路】选项卡的【多轴加工】面板中，包括【基本模型】和【扩展应用】两大类加工工具，如图 5-4 所示。

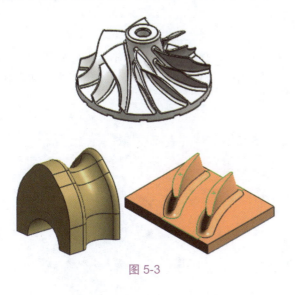

图 5-3

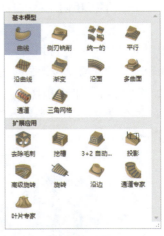

图 5-4

5.2 3D 曲面铣削和多轴铣削加工类型及案例

常规铣削类型是指利用传统的铣削加工方法，对零件表面进行粗切、半精切和精切，从而得到最终的光亮表面。传统的铣削加工缺点较多，主要表现在以下 4 方面。

- 加工时间长。
- 刀具容易与零件发生碰撞。
- 每一次加工后都产生较多残料。
- 表面光洁度较差。

相比之下，Mstercam 铣削加工有以下优势。
- 能优化加工时间和材料利用率。
- 可兼容多种数控机床。
- 通过高仿真能预防加工错误。
- 可与其他 CAD/CAM 软件无缝对接。
- 极大提升加工灵活性和效率。

在 Mastercam 中，3D 曲面常规铣削类型包括粗切和精切两种。多轴铣削类型可分为基本模型和扩展应用两种。下面分别介绍 3D 曲面铣削加工和多轴铣削加工中各种类型的案例。

5.2.1 粗切铣削类型及案例

3D 粗切铣削类型中用于常规铣削的有平行粗切、投影粗切、挖槽粗切、钻削粗切和多曲面挖槽粗切、残料粗切等。

一、平行粗切

平行粗切使用多个恒定的轴向切削层来快速去除毛坯。用于平行粗切的刀具沿指定的进给方向进行切削，生成的刀路相互平行。平行粗切刀路比较适合加工相对比较平坦的曲面，包括凸起曲面和凹陷曲面。

【例 5-1】平行粗切。

本例将采用平行粗切方法对图 5-5 所示的零件表面进行铣削加工，加工刀路如图 5-6 所示。

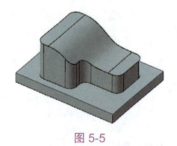

图 5-5　　　　　　　　　　　　　图 5-6

1. 打开本例源文件"5-1.mcam"。

2. 在【铣床-刀路】选项卡的【3D】面板的【粗切】组中单击【平行】按钮，弹出【选择工件形状】对话框。选中【凸】单选项，单击【确定】按钮后三连击鼠标左键以选取零件作为工件形状,如图 5-7 所示。

3. 随后弹出【刀路曲面选择】对话框,单击【移除】按钮移除系统选取的面,然后选取加工面和切削范围,单击【确定】按钮 ✓ ,如图 5-8 所示。

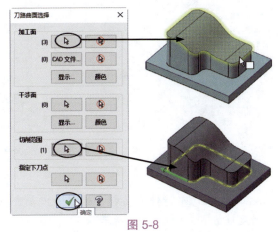

图 5-7　　　　　　　　　　　　　　　图 5-8

4. 弹出【曲面粗切平行】对话框,在【刀具参数】选项卡中新建一把 D10 的圆鼻铣刀,其他参数保持默认,如图 5-9 所示。

5. 在【曲面粗切平行】对话框的【曲面参数】选项卡中设置曲面相关参数,如图 5-10 所示。

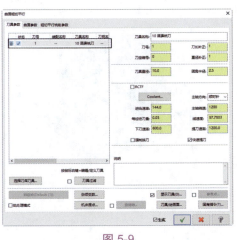

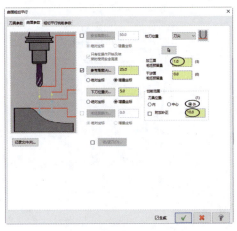

图 5-9　　　　　　　　　　　　　　　图 5-10

6. 在【曲面粗切平行】对话框的【粗切平行铣削参数】选项卡中设置平行粗切的基本参数,如图 5-11 所示。

7. 在【粗切平行铣削参数】选项卡中单击 切削深度 按钮,设定第一刀相对位置和其他深度预留量,如图 5-12 所示。

第 5 章　AI 辅助 3D 曲面与多轴铣削加工

图 5-11

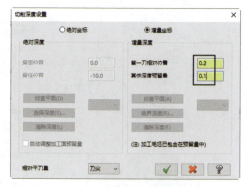

图 5-12

8. 在【粗切平行铣削参数】选项卡中单击 间隙设置(G) 按钮，设置刀路在遇到间隙时的处理方式，如图 5-13 所示。

9. 单击【曲面粗切平面】对话框中的【确定】按钮，生成平行粗切刀路，如图 5-14 所示。

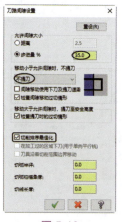

图 5-13

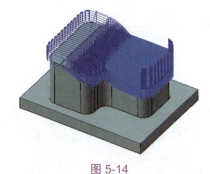

图 5-14

> **提示**：平行铣削加工的缺点是在比较陡的斜面上会留下梯田状残料，而且残料比较多。另外，平行铣削加工提刀次数特别多，对于凸起多的工件尤为明显，而且只能直线下刀，对刀具不利。

二、投影粗切

投影粗切是将选定的几何图形或现有刀路投影到曲面（加工区域）上以产生刀路。投影加工的类型有曲线投影、NCI 文件投影加工和点集投影。

图 5-15 所示为曲线投影到曲面上形成刀路。

5.2 3D 曲面铣削和多轴铣削加工类型及案例

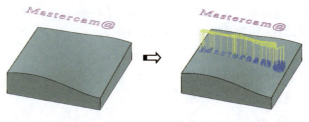

图 5-15

三、挖槽粗切

挖槽粗切是将工件在同一高度上进行等分后产生分层铣削的刀路,即在同一高度上完成所有的加工后再进行下一个高度的加工。它在每一层上的走刀方式与二维挖槽类似。挖槽粗切在实际加工中使用频率最高,所以也被称为"万能粗切",绝大多数的工件都可以利用挖槽粗切进行粗切铣削。Mastercam 中的挖槽粗切提供了多样化的刀路、多种下刀方式。挖槽粗切刀路是粗切中最重要的刀路。

【例 5-2】挖槽粗切。

本例将对图 5-16 所示的零件凹槽表面进行挖槽粗切,加工刀路如图 5-17 所示。

图 5-16   图 5-17

1. 打开源文件 "5-2.mcam"。

2. 在【铣床-刀路】选项卡的【3D】面板中单击【粗切】组中的【挖槽】按钮,选取零件凹槽中的所有曲面作为工件形状,弹出【刀路曲面选择】对话框,选择切削范围和串连外形,如图 5-18 所示。

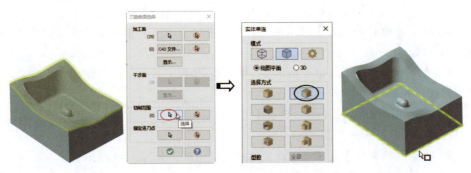

图 5-18

3. 单击【刀路曲面选择】对话框中的【确定】按钮，弹出【曲面粗切挖槽】对话框，新建一把 D12 的圆鼻铣刀，如图 5-19 所示。

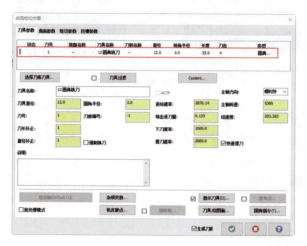

图 5-19

4. 在【曲面粗切挖槽】对话框的【曲面参数】选项卡中设置曲面相关参数，如图 5-20 所示。

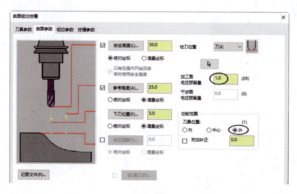

图 5-20

5. 在【曲面粗切挖槽】对话框的【粗切参数】选项卡中设置挖槽粗切参数，如图 5-21 所示。

6. 在【粗切参数】选项卡中单击 切削深度 按钮，设定第一刀相对位置和其他深度预留量，如图 5-22 所示。

7. 单击 间隙设置(G) 按钮，弹出【刀路间隙设置】对话框，设置刀路在遇到间隙时的处理方式，如图 5-23 所示。

8. 在【挖槽参数】选项卡中设置挖槽切削间距，如图 5-24 所示。

5.2 3D 曲面铣削和多轴铣削加工类型及案例

图 5-21

图 5-22

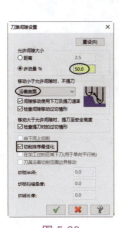

图 5-23

图 5-24

9. 单击【曲面粗切挖槽】对话框中的【确定】按钮 ✓ ，生成挖槽粗切刀路，如图 5-25 所示。

10. 在【刀路】管理器面板中选择【毛坯设置】选项，在弹出的【机床群组属性】对话框中单击【边界盒】按钮 🟥 定义毛坯。

11. 单击【实体仿真】按钮 ▶ 进行模拟，模拟结果如图 5-26 所示。

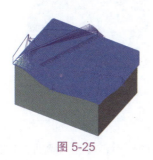

图 5-25

图 5-26

117

> **提示**：挖槽粗切适合凹槽形工件和凸形工件，并提供了多种下刀方式可以选择。一般的凹槽形工件采用斜插式下刀，要注意内部空间不能太小，避免下刀失败。凸形工件通常采用切削范围外下刀，这样刀具会更加安全。

四、钻削粗切

钻削粗切是使用类似钻孔的方式，快速地对工件进行粗切。这种加工方式有专用刀具，刀具中心有冷却液的出水孔，以供钻削时顺利地排屑，适合对比较深的工件进行加工。

图 5-27 所示为在零件表面进行钻削粗切。

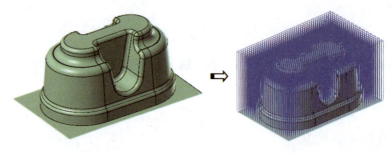

图 5-27

> **提示**：钻削粗切使用类似钻头的专用刀具并采用钻削的方式加工，用来切削深腔工件，因此需要大批量去除材料，且加工效率高、去除材料快、切削量大，对机床刚性要求非常高。一般情况下不建议采用此加工方式。

五、多曲面挖槽粗切

多曲面挖槽粗切是通过创建一系列平面切削快速地去除大量毛坯，这种铣削加工方法被大量应用于实际的零件粗切。

图 5-28 所示为在零件凹槽表面进行多曲面挖槽粗切和生成的粗切刀路。

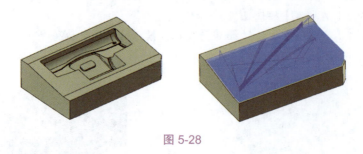

图 5-28

六、残料粗切

残料粗切可以侦测先前曲面粗切刀路留下来的残料，并用等高加工方式铣削残料。残料粗切主要用于二次粗切铣削。这种粗切铣削类型非常重要，适用于任何 3D 曲面的二次粗切铣削。

在 Mastercam 2024 中，用户需要将残料粗切的命令调出来。操作方法是：在功能区的空白位置单击右键，选择快捷菜单中的【自定义功能区】命令，弹出【选项】对话框；然后按图 5-29 所示的步骤添加命令到新建的【铣床-刀路】选项卡的【新工具命令】面板中。

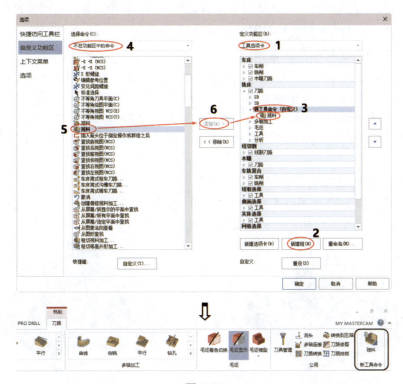

图 5-29

图 5-30 所示为在凸台零件上进行残料粗切（基于首次粗切铣削后的二次粗切铣削），生成的残料粗切刀路如图 5-31 所示。

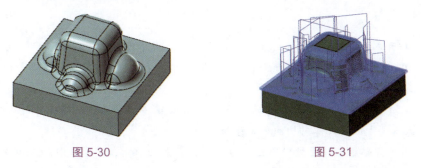

图 5-30　　　　　　　　　　　　　　　图 5-31

119

> **提示**：在残料粗切的加工过程中，通常首先采用大直径刀具进行粗切铣削，快速去除大部分残料，然后采用小直径刀具进行二次粗切铣削，对大直径刀具无法加工到的区域进行再加工，这样有利于提高效率，节约成本。

5.2.2 3D 精切铣削类型及案例

3D 精切铣削是在粗切完成后对零件的最终切削，其中的各项切削参数都要比粗切精细得多。本小节介绍常见的 3D 精切铣削类型及案例。

一、等高精切与水平区域精切

等高精切适用于陡斜面加工，在工件上产生沿等高线分布的刀路，相当于将工件沿 Z 轴进行等分。等高外形除了可以沿 Z 轴等分外，还可以沿外形等分。

水平区域精切是用来精切凸台零件中的平面区域部分，可与等高精切结合起来完成凸台零件的陡斜面和水平面的精切加工。下面以案例来说明这两种精切类型的应用方法。

【例 5-3】 等高精切和水平区域精切。

本例将对图 5-32 所示的零件表面（半精切的模拟结果）进行等高精切和水平区域精切，刀路如图 5-33 所示。精切之前已经完成了粗切和半精切（残料加工）。

图 5-32

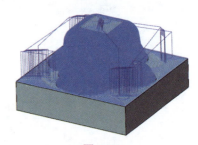
图 5-33

> **提示**：等高外形通常做精切和半精切，主要对侧壁或者比较陡的曲面做去材料加工，不适用于浅曲面加工。刀路在陡斜面和浅平面的加工密度不一样。曲面越陡、刀路越密，加工效果越好。

1. 打开本例源文件 "5-3.mcam"。打开的零件模型已经完成粗切和半精切。

2. 在【铣床-刀路】选项卡的【3D】面板中单击【精切】组中的【等高】按钮，弹出【高速曲面刀路-等高】对话框。

3. 在【模型图形】面板的【加工图形】选项组中单击【选择图形】按钮，然后框选底部平面及以上的所有面，如图 5-34 所示。

4. 在【刀路控制】面板中单击【切削范围】按钮，然后选取加工串连外形，如图 5-35 所示。

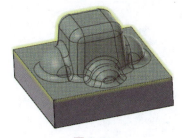
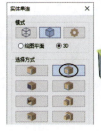
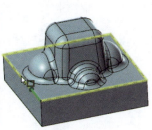

图 5-34　　　　　　　　　　图 5-35

5. 在【刀具】面板中选择已有的 D10 球刀作为当前加工刀具。

> **提示**：在等高精切加工中，系统会自动识别毛坯余量，无须用户指定毛坯。

6. 在【切削参数】面板中设置【下切】的参数为 0.05，其余参数及选项保持默认。

7. 在【共同参数】面板中定义相关参数，如图 5-36 所示。

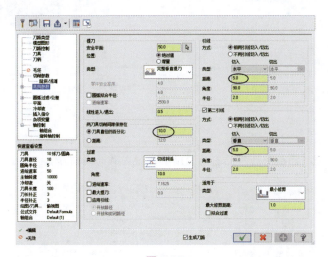

图 5-36

8. 在【平面】面板中设置工作坐标系、刀具平面和绘图平面均为【俯视图】，如图 5-37 所示。单击【确定】按钮 ✓，生成等高精切刀路，如图 5-38 所示。

9. 下面接着精切顶部和底部的两个平面。单击【水平区域】按钮 ，弹出【3D 高速曲面刀路 - 水平区域】对话框。

10. 在【模型图形】面板的【加工图形】选项组中单击【选择图形】按钮 ，然后选取顶部和底部的两个平面，如图 5-39 所示。

第 5 章　AI 辅助 3D 曲面与多轴铣削加工

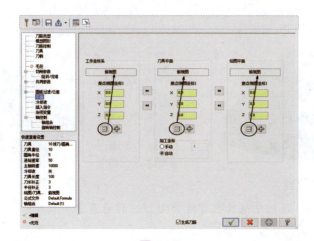

图 5-37

图 5-38　　　　　　　　　　　　　图 5-39

> **提示**：在水平区域精切加工中，系统会自动识别所选加工平面的边界为切削范围，不要在【刀路控制】面板中重新选择切削范围的边界串连。否则系统不予识别，且无法生成加工刀路。

11. 在【刀具】面板中选择已有的 D12 圆鼻铣刀作为当前加工刀具，如图 5-40 所示。

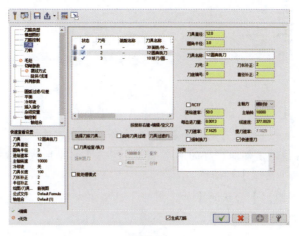

图 5-40

12. 在【切削参数】面板中设置切削参数，如图 5-41 所示。单击【确定】按钮 ✓，生成水平区域精切刀路，如图 5-42 所示。

图 5-41

13. 最后对所有的加工刀路进行实体模拟，模拟效果如图 5-43 所示。

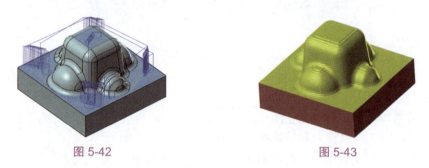

图 5-42　　　　　　　　　　　　　图 5-43

二、放射精切

放射精切主要用于类似回转体工件的加工，这种加工方式会产生从一点向四周发散或者从四周向中心集中的精切刀路。值得注意的是，这种刀路的边缘加工效果不太理想，但中心加工效果比较好。

图 5-44 所示为在花瓣形曲面上进行放射精切加工生成的刀路。

图 5-44

> **提示**：放射精切会产生径向发散式刀路，适用于具有放射状表面的加工。由于放射精切存在中心密、四周疏的特点，因此不适用于一般工件，适用于特殊形状的工件。

三、流线精切

流线精切是沿着曲面的流线产生相互平行的刀路，选择的工件曲面最好不要相交，且流线方向相同，因为刀路不产生冲突，才可以产生流线精切刀路。曲面流线方向一般有两个，且两方向相互垂直，所以流线精切刀路也有两个方向，即曲面引导方向和截断方向。

> **提示**：流线精切主要用于单个流线特征比较规律的曲面精切，当工件的曲面比较复杂、比较多时，此刀路并不适合。

图 5-45 所示为在零件表面采用流线精切生成的刀路。

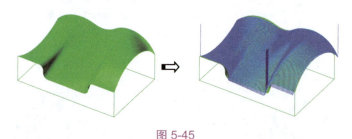

图 5-45

四、清角精切

清角精切（也称为"3D 清根加工"）是对先前的粗切操作或大直径刀具所留下来的残料进行清除加工，一次生成一层刀路。

图 5-46 所示为在零件的凹槽角落进行残料清角精切所生成的刀路。

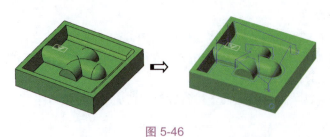

图 5-46

> **提示**：残料的清角精切通常是对由于刀具直径过大无法加工的部位采用小直径刀具进行清残料加工，通常需要设置先前的参考刀具直径，通过计算此直径留下来的残料来产生刀路。

五、等距环绕精切

等距环绕精切可在零件上的多个曲面之间进行环绕式精铣切削，且刀路呈等距排列，能产生首尾一致的表面光洁度，因抬刀次数少，可取得非常好的加工效果。

> **提示**：等距环绕精切会在曲面上产生等间距排列的刀路，通常作为最后刀路对模型进行最后的精切。这种加工方式的精度非常高，只是刀路非常大，计算时间长。

图 5-47 所示为在零件表面进行等距环绕精切生成的刀路。

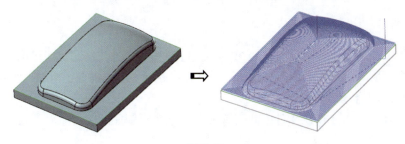

图 5-47

六、熔接精切

熔接精切是在两条曲线（其中一条曲线可以用点替代）之间产生刀路，并将产生的刀路投影到曲面上形成熔接精切，它是投影精切的特殊形式。

图 5-48 所示为在零件表面进行熔接精切加工生成的刀路。

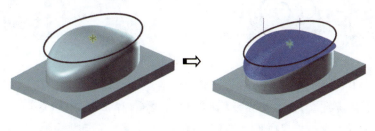

图 5-48

5.2.3　多轴加工类型及案例

Mastercam 2024 的多轴加工工具集中在【铣床 - 刀路】选项卡的【多轴加工】面板中，包括【基本模型】和【扩展应用】两种类型，如图 5-49 所示。

一、曲线多轴加工

曲线多轴加工主要用于加工 3D 曲线或曲面的边缘，可以加工各种图案、文字和曲线，如图 5-50 所示。

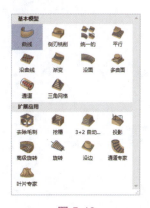

图 5-49

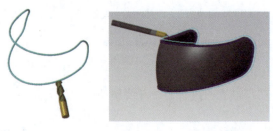

图 5-50

曲线多轴加工主要对曲面上的 3D 曲线进行变轴加工，刀具中心沿曲线走刀，因此曲线多轴加工的补正类型需要关闭，刀具轴向控制一般是垂直于所加工的曲面。

【例 5-4】曲线多轴加工。

本例将对图 5-51 所示零件中的圆角曲面进行曲线多轴加工，生成的刀路如图 5-52 所示。

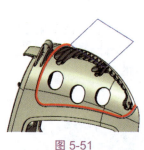

图 5-51

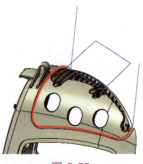

图 5-52

1. 打开本例源文件"5-4.mcam"。
2. 在【多轴加工】面板中单击【曲线】按钮，弹出【多轴刀路 - 曲线】对话框。
3. 在【刀具】面板中新建一把 D4 球形铣刀，如图 5-53 所示。

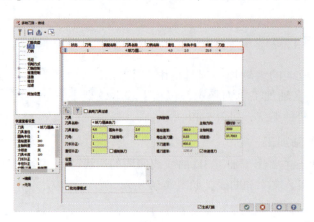

图 5-53

4. 在【切削方式】面板中单击【选择】按钮 ，选择模型中已有的参考曲线，然后在【切削方式】面板中设置其他切削参数，如图 5-54 所示。

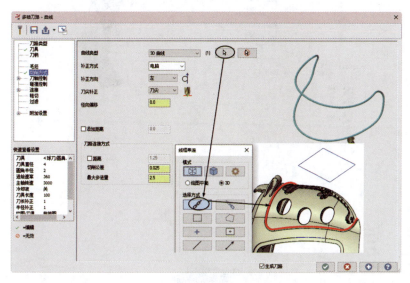

图 5-54

5. 在【刀轴控制】面板中设置相关选项并单击【选择】按钮 ，然后选取矩形的两条边来确定一个控制平面，【刀轴控制】面板中的其他参数保持默认设置，如图 5-55 所示。

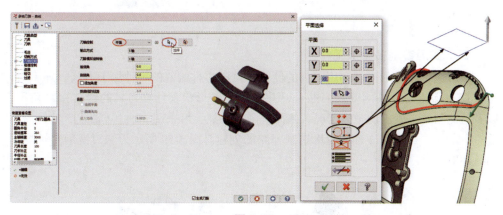

图 5-55

6. 在【连接】面板中设置安全高度及参考高度等参数，如图 5-56 所示。

7. 在【粗切】面板中设置轴向分层切削和径向分层切削参数，如图 5-57 所示。

8. 单击【确定】按钮 ，生成曲线多轴刀路，如图 5-58 所示。

图 5-56

图 5-57

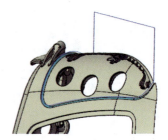

图 5-58

二、侧刃铣削多轴加工

侧刃铣削多轴加工是利用刀具的侧刃来铣削零件侧壁的一种加工方式。加工时，刀具侧刃始终与零件侧壁表面贴合，并根据侧壁形状来计算刀具的最佳接触角度，以及检测与选定表面的碰撞情况。侧刃铣削多轴加工可采用 3 轴、4 轴或 5 轴数控系统进行加工，或用作 3 轴的轮廓铣削刀路的创建。图 5-59 所示为侧刃铣削多轴加工的适用对象。

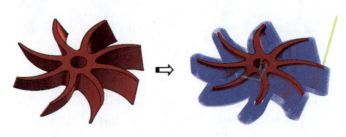

图 5-59

三、平行多轴加工

平行多轴加工可以创建平行于所选曲线、曲面或与指定角度对齐的多轴加工刀路，如图 5-60 所示。

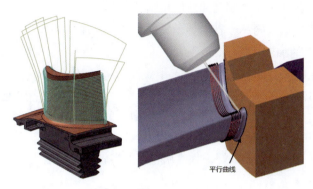

图 5-60

四、沿曲线多轴加工

沿曲线多轴加工可以创建与所选引导曲线正交的刀路，所选引导曲线不能是直线，加工完成后刀路两端的切口彼此不平行，两个相邻切口之间的距离就是最大步距，如图 5-61 所示。

图 5-61

五、渐变多轴加工

渐变多轴加工是在两条引导曲线之间创建渐变扩展的刀路，如图 5-62 所示。

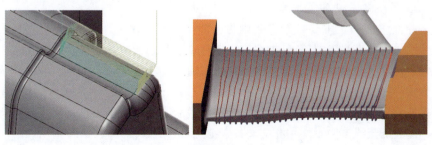

图 5-62

上述的"平行""沿曲线""渐变"3种多轴铣削加工方法看起来十分相似,其实每一种加工方法都以不同的刀路进行加工,区别如下。

- 平行:从一个形状或平面偏移切削刀路。
- 沿曲线:创建垂直于驱动曲线的切削刀路。
- 渐变:将切削刀路从一种形状渐变混合到另一种形状。

六、沿面多轴加工

沿面多轴加工是沿着选定几何体的 UV 线来创建流线型刀路,如图 5-63 所示。沿面多轴加工即流线多轴加工,是 Mastercam 最先开发的比较优秀的多轴加工刀路。沿面多轴加工与 3 轴的流线加工操作基本类似,但是由于切削方向可以调整,所以刀具的轴向可以控制,切削的前角和后角也可以改变,因此,沿面多轴加工的适应性大大提高,加工质量也非常好,是应用较多的多轴加工方法。

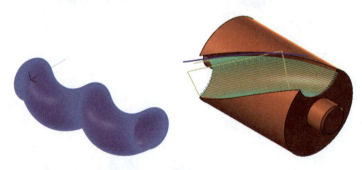

图 5-63

> 提示:几何体的 UV 线并非指实际的线条,而是与几何体表面纹理坐标相关的概念。在三维计算机图形学中,UV 坐标是一种用于描述几何体表面纹理的二维坐标系统,用于确定纹理图像在几何体表面的位置和方向。UV 坐标系统的原点通常位于纹理图像的左上角,水平方向为 U 轴,垂直方向为 V 轴。

沿面多轴加工中的 5 轴流线加工,参数与 3 轴曲面流线加工类似,对于曲面流线比较规律的单曲面多轴加工效果比较好。

七、多曲面多轴加工

多曲面多轴加工主要是对空间中多个曲面相互连接在一起的曲面组进行加工。传统的多轴加工只能生成单个曲面刀路,对于多曲面而言,曲面片之间生成的刀路不连续,因此加工的效果非常差。多曲面多轴加工解决了这个问题,它采用流线加工的方式,在多曲面片之间生成连续的流线刀路,大大提高了多曲面片的加工精度。

多曲面多轴加工根据多个曲面的流线产生沿曲面的 5 轴刀路,实现的前提条件是多个曲面的流线方向不能相互交叉,否则无法生成 5 轴刀路。

图 5-64 所示为在零件表面进行多曲面多轴加工所生成的刀路。

 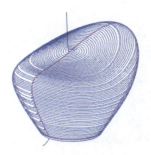

图 5-64

八、通道多轴加工

通道多轴加工主要用于管件形状曲面的加工,支持粗切和精切。通道多轴加工也是根据曲面的流线产生沿 U 向流线或 V 向流线产生多轴加工刀路,主要用于加工管道内腔,如图 5-65 所示。

图 5-65

5.2.4 叶片专家

使用叶片专家加工类型可对外形极其复杂的零件进行 5 轴加工,如加工叶轮或风扇的叶片,如图 5-66 所示。

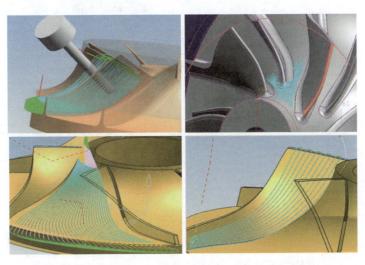

图 5-66

【例 5-5】叶片多轴加工。

本例将对图 5-67 所示的叶轮零件的叶片进行多轴加工,生成的刀路如图 5-68 所示。

图 5-67

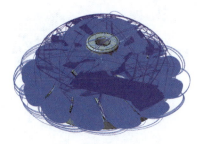
图 5-68

1. 打开本例源文件"5-5.mcam"。

2. 在【多轴加工】面板中单击【叶片专家】按钮，弹出【多轴刀路-叶片专家】对话框。

3. 在【刀具】面板中新建 D10 的球形铣刀。

4. 在【自定义组件】面板中单击【叶片，分离器】选项右侧的【选择】按钮，然后选取叶轮零件中的所有叶片曲面和叶片底部的圆角曲面。接着单击【轮毂】选项右侧的【选择】按钮，再选取叶轮中的轮毂曲面，并在【自定义组件】面板中设置其他参数，如图 5-69 所示。

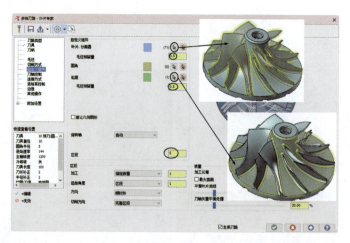
图 5-69

5. 在【边缘】面板中设置边界参数，如图 5-70 所示。

6. 其余选项保持默认设置，在【多轴刀路-叶片专家】对话框中单击【确定】按钮，生成叶片多轴加工刀路，如图 5-71 所示。

7. 在【机床】选项卡中单击【实体仿真】按钮，对刀路进行仿真模拟，模拟结果如图 5-72 所示。

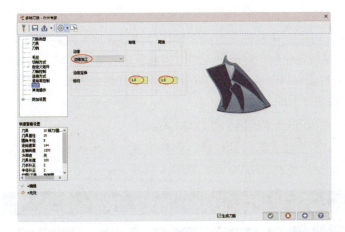

图 5-70

图 5-71

图 5-72

5.3　AI 辅助 3D 曲面及多轴铣削加工

AI 在 3D 曲面铣削和多轴铣削加工中扮演着越来越重要的角色。这包括 AI 在曲面铣削及多轴铣削加工代码生成及仿真中的应用,以及基于仿真对刀路和加工参数的优化。

5.3.1　AI 辅助编程工具——CAM Assist

本小节将介绍一款非常强大的 AI 辅助 CAM 加工的工具——CAM Assist。

> **提示**:在第 4 章中介绍的 Temujin CAM 工具,也能够自动生成曲面铣削和多轴加工刀路。大家可以自行使用 Temujin CAM 工具进行相关操作,本书不再介绍相关内容。

CloudNC 是英国的一家专注于自动化精密制造的科技公司,已发布其 CAM Assist 工具,作为 Autodesk Fusion 软件的插件。CAM Assist 使用先进的计算优化和 AI 推理技术来快速确定制造零件所需的策略和工具集,以及来自用户库的最合适的切削速度和进给速率。

CAM Assist 可以在几秒钟内生成 3 轴零件的专业加工策略，而这一过程可能需要 CNC 机床程序员花费数小时或数天的时间来手动创建。这意味着与手动编程相比，对 CNC 机床进行编程以制造部件所需的时间最多可减少 80%，从而为制造商每年节省数百个小时的生产时间。

一、安装 Autodesk Fusion 和 CAM Assist

CAM Assist 不是独立运行的软件，要依附在 Autodesk Fusion 中作为插件使用。Autodesk Fusion 可以免费试用 30 天，如图 5-73 所示。

图 5-73

1. 直接到 Autodesk Fusion 官方网站首页中寻找 Autodesk Fusion 软件。新用户须注册账号才能下载试用。

2. 下载 Autodesk Fusion 软件后，可直接安装程序，初次打开 Autodesk Fusion 软件，需要使用官方网站注册的账号登录。

3. CAM Assist 可到 Autodesk 官方网站的插件商店中下载，如图 5-74 所示。新用户可试用 CAM Assist 14 天。

图 5-74

4. 安装 CAM Assist 插件之后，启动 Autodesk Fusion 软件，需要在工作界面中注册 CAM Assist 账户，如图 5-75 所示。

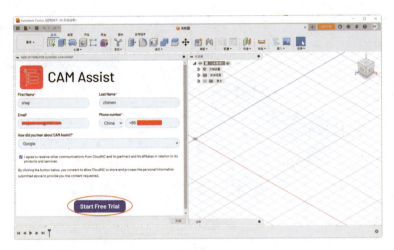

图 5-75

5. 注册成功后，会显示激活成功的提示，如图 5-76 所示。

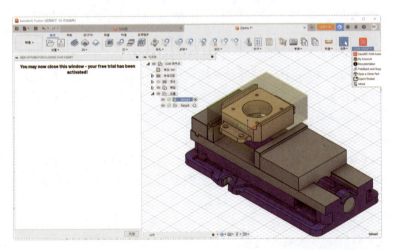

图 5-76

二、CAM Assist 插件的功能菜单

在 Autodesk Fusion 软件界面的功能区右侧会显示 CAM Assist 插件图标，单击图标名会弹出功能菜单，如图 5-77 所示。各功能菜单的使用方法介绍如下。

图 5-77

- CloudNC CAM Assist：初次使用 CAM Assist 时，需选择此选项进行授权激活。激活后可弹出【CLOUDNC CAM ASSIST】操作面板，如图 5-78 所示。

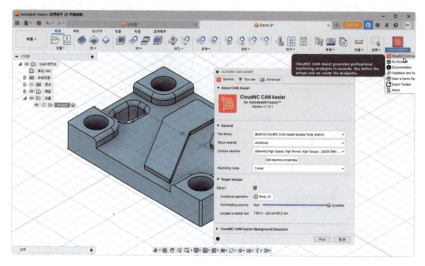

图 5-78

- My Account：选择此选项可显示账户的表单，其中包含许可证 / 订阅详细信息的摘要。
- Documentation：选择此选项会显示 CloudNC CAM Assist 的帮助文档。
- Feedback and Support：选择此选项将打开 CloudNC 产品支持页面。
- Open a Demo Part：此选项中包含有 4 个示例模型，初学者可以选择其中之一进行演示操作。其中 Demo1、Demo2 和 Demo3 模型适合 3D（2.5 轴 /3 轴）曲面铣削，Demo4 模型适合多轴铣削。
- Export Toolset：当完成了铣削加工后，可使用此选项将示例中的自定义刀具集合导出到本地文件夹中，以供后期调用，无须重复定义刀具。可导出英制刀具或公制刀具。
- About：可查看 CAM Assist 的版本号、条款和条件等相关信息。

【CLOUDNC CAM ASSIST】操作面板是 CAM Assist 重要的功能操作面板。本节后面两小节将详细介绍该面板中的 AI 自动化生成 G 代码功能。【CLOUDNC CAM ASSIST】操作面板有 3 个选项卡，分别介绍如下。

（1）【General】选项卡。

在该选项卡中，允许用户指定在 CAM 辅助策略计算时要使用的 Fusion"工具库"和"库存材料"。各选项含义介绍如下。

- 【About CAM Assist】选项组：该选项组可以显示版本号。
- 【General】选项组：该选项组允许用户指定加工环境。

Tool library：该下拉列表列出了在 CAM Assist 中使用的 Fusion 刀库，包括英制刀具和公制刀具。

Stock material：在该下拉列表中选择材料后，CAM Assist 将根据所选材料选择刀具、加工策略和切削数据预设。

Choose machine：该下拉列表中包含多种通用类型的机床。

Edit machine properties：单击此按钮，下方将展开 5 个"机器属性"设置，如图 5-79 所示。

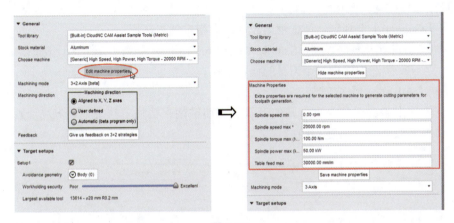

图 5-79

Machining mode：该下拉列表中有 CAM Assist 支持的"3Axis"和"3+2Axis"两种加工模式。

Machining direction：当加工模式为【3+2Axis[beta]】时，该选项下方将增加显示【Machining direction】选项，如图 5-80 所示。其中有 3 个单选选项，【Aligned to X, Y, Z axes】选项、【User defined】和【Automatic (beta program only)】。

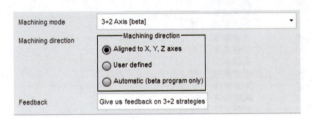

图 5-80

- 【Target setups】选项组：该选项组可以启用【Setup1】选项，设置刀路策略。

Avoidance geometry：该选项是指遮挡不希望在此设置中加工的毛坯部分。

Workholding security：通过该选项的设置，CAM Assist 将选择适合指定工件夹具的粗切铣削刀具。将滑块设置到两个极端之间或两个极端处所需的位置。

Poor 为不安全，Excellent 为最安全。

Largest available tool：该选项是指根据工件夹具安全性的设置，CAM Assist 会自动给出合适的刀具尺寸。

- 【CloudNC CAM Assist Background Execution】选项组：该选项组允许用户在 CAM 辅助程序后台计算刀路策略时执行与 Autodesk Fusion 相关的任务。

（2）【Tool use】选项卡。

在该选项卡中，为用户提供所选工具集中工具可用的材料和用法（操作）的概览摘要，如图 5-81 所示。

- 【General】选项组：该选项组允许用户指定加工环境。
- 【CloudNC CAM Assist Sample Tools(Metric)】选项组：该选项组提供 CAM Assist 所选刀库中每个刀具的概览信息。

（3）【Advanced】选项卡。

该选项卡包含刀路类型、几何形状、粗切铣削、精加工和去毛刺等高级配置选项，如图 5-82 所示。各选项组的含义如下。

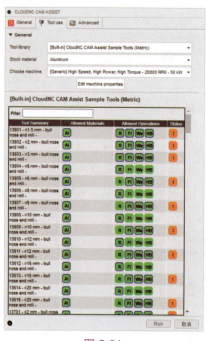

图 5-81

图 5-82

- 【Toolpath types】选项组：该选项组可指定 CAM Assist 使用哪种操作来计算刀路策略。包括如下几种操作。

Face milling：该选项是指从零件的表面或平坦表面去除材料的操作。

Bulk roughing：该选项是一种加工策略，涉及在加工过程的初始阶段快速且有效地从零件上去除大量材料。

Detailed roughing：该选项是一种加工策略，涉及在"批量粗切铣削"阶段后以更受控和更详细的方式去除材料。

Finishing：该选项是指对材料进行最终切割以获得加工零件所需的表面光洁度、尺寸精度和整体质量的操作。

Hole making：该选项是指使用各种加工操作（如钻孔、镗孔和攻丝）在零件上创建特定尺寸、深度和公差的孔的过程。

Spot drilling：该选项是指在零件上的精确点处创建小而浅的孔或凹陷的过程。当钻更深的孔时，初始压痕有助于准确定位和引导钻头。

Deburring：该选项是指用于去除机加工零件上的毛刺、锐边和不规则之处的操作。去毛刺对于提高零件的安全性、功能性和美观性至关重要。

- 【Geometry】选项组：该选项组可重新定义几何体，允许用户指定在 CAM 辅助程序中包含或排除刀路策略的原始模型的各个方面。
- 【Roughing】选项组：该选项组可为粗切铣削刀路的"待加工余料"方面提供精细控制。
- 【Finishing】选项组：该选项组可为精加工刀路的特定方面提供精细的控制。
- 【Deburring】选项组：该选项组可指示 CAM Assist 加工策略中使用的去毛刺类型。

5.3.2 AI 辅助 3D 曲面铣削加工案例

在本例中，我们将选用 CAM Assist 的示例模型进行 AI 生成代码操作。要加工的模型如图 5-83 所示。

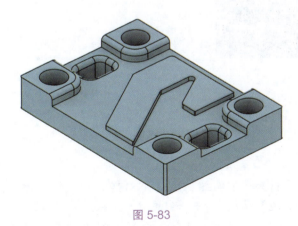

图 5-83

【例 5-6】AI 自动生成 3D 铣削加工代码。

1. 启动 Autodesk Fusion，工作界面如图 5-84 所示。

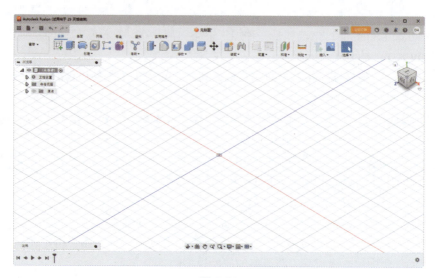

图 5-84

2. 首次使用 Autodesk Fusion，需要在【工作空间】列表中选择【制造】选项，以进入数控加工环境，如图 5-85 所示。

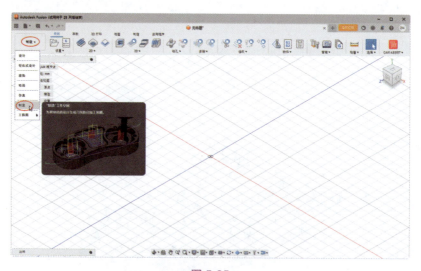

图 5-85

3. 在【铣削】选项卡中单击【CAM ASSIST】图标，选择菜单中的【Open a Demo Part】/【Demo2】命令，打开示例模型，如图 5-86 所示。

4. 在【铣削】选项卡中单击【CAM ASSIST】图标，选择【CloudNC CAM Assist】命令，弹出【CLOUDNC CAM ASSIST】操作面板。

5.3 AI 辅助 3D 曲面及多轴铣削加工

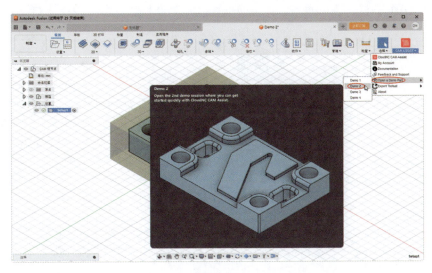

图 5-86

5. 保留操作面板中的所有选项及参数的默认设置，单击【Run】按钮，随后 CAM Assist 自动识别模型并生成所有的铣削加工工序，如图 5-87 所示。

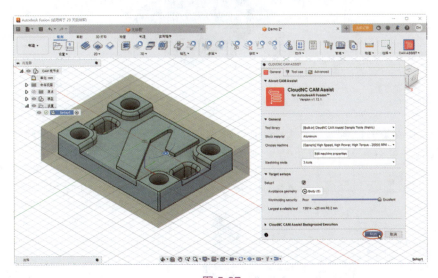

图 5-87

6. AI 自动生成铣削加工工序结束后会弹出一个信息提示，中文的意思是："CloudNC CAM Assist 生成 18 个工序，加工 93 个表面中的 92 个。请模拟刀路，根据需要调整设置，并为零件的其余部分创建策略。"如图 5-88 所示。

7. 在图形区左侧的 CAM 节点树中可以找到所创建的铣削加工工序，如图 5-89 所示。

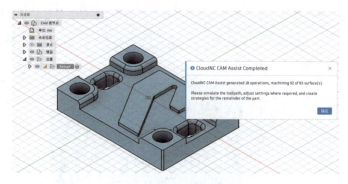

图 5-88

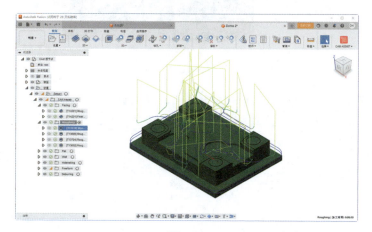

图 5-89

8. 右击某个铣削工序，选择快捷菜单中的【仿真】命令，进行仿真操作，以验证加工是否符合要求，如图 5-90 所示。

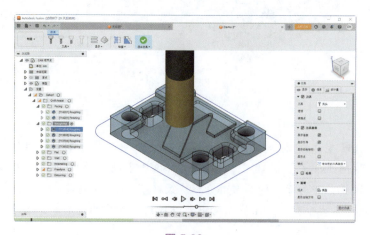

图 5-90

9. 在 Autodesk Fusion 的【铣削】选项卡中单击【动作】面板中的【后处理】按钮，弹出【NC 程序：NCProgram1】对话框，在【设置】选项卡中单击【后处理】选项右侧的【打开】按钮，弹出【后处理库】对话框，在【Fusion 库】中选择【Fanuc】供应商的后处理器，在默认弹出的【是否将后处理器复制到"我的后处理器"？】对话框中设置后处理器位置为【本地】，最后单击【复制到"我的后处理"】按钮完成后处理器的定义，如图 5-91 所示。

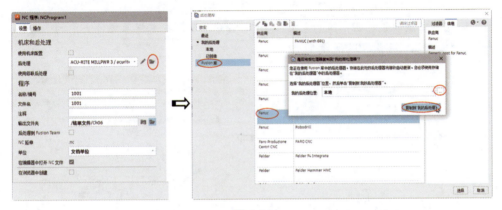

图 5-91

10. 返回至【NC 程序：NCProgram1】对话框的【设置】选项卡，在【输出文件夹】选项右侧单击【打开】按钮，设置 NC 代码输出的文件路径。最后单击【后处理】按钮，完成 NC 代码的输出，如图 5-92 所示。

图 5-92

11. 由于在演示中选择了默认的机床，所以生成的 NC 代码需要使用 AI 工具并参照用户自己的机床进行代码转换，此处不再介绍。

5.3.3 AI 辅助多轴铣削加工案例

在本例中，我们将利用涡轮叶片模型进行 AI 自动加工。涡轮叶片模型如图 5-93 所示。

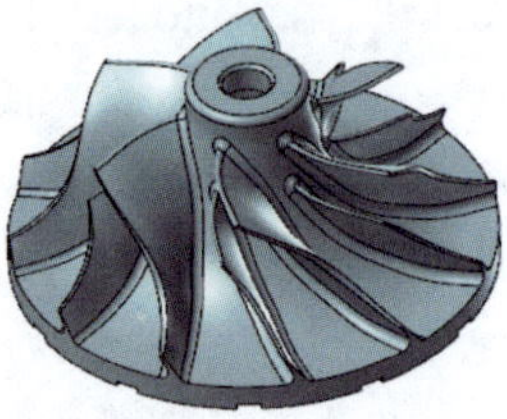

【例 5-7】AI 自动生成多轴铣削加工代码。

1. 启动 Autodesk Fusion。
2. 在【工作空间】列表中选择【制造】选项进入数控

图 5-93

加工环境。在顶部菜单栏中执行【文件】/【打开】命令，将本例源文件夹中的"wolun.stp"文件打开，如图 5-94 所示。

图 5-94

3. 打开模型后，将切换设计环境为制造环境。在【实用程序】选项卡中单击【自动加工中的毛坯】按钮，自动创建毛坯（仅做仿真预览），如图 5-95 所示。

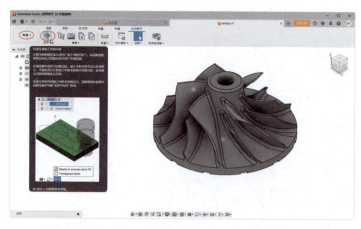

图 5-95

4. 切换到【铣削】选项卡，单击【设置】面板中的【设置】按钮，弹出【设置】面板，在【毛坯】选项卡中设置毛坯尺寸，单击【确定】按钮完成实体毛坯的创建，如图 5-96 所示。

5. 单击【CAM ASSIST】图标，弹出【CLOUDNC CAM ASSIST】操作面板。

5.3 AI 辅助 3D 曲面及多轴铣削加工

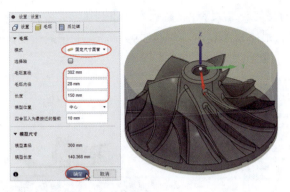

图 5-96

6. 在【Machining mode】列表中选择【3+2 Axis[beta]】加工模式,其他选项保持默认设置,单击【Run】按钮,如图 5-97 所示。

图 5-97

7. 随后 CAM Assist 自动识别模型并生成所有的铣削加工工序,如图 5-98 所示。

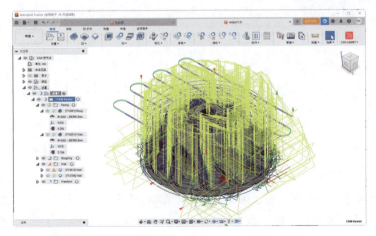

图 5-98

145

8. 但在生成的铣削加工工序中，标识有 Wall 的工序是有问题的，因此在左侧的节点树中出现一个三角形警示图标 ⚠，如图 5-99 所示。此问题需要解决，否则无法导出 G 代码。

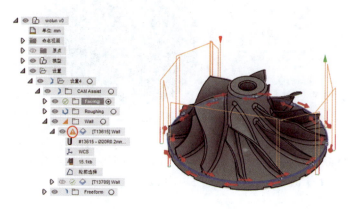

图 5-99

9. 双击三角形警示图标 ⚠，从弹出的【Wall】对话框中查看问题所在，发现主要问题是部分轮廓没有被铣削，造成刀具与工件碰撞，如图 5-100 所示。

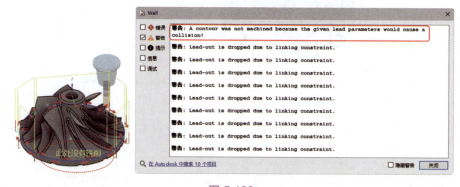

图 5-100

> **提示：** 处理这个问题时，需要重新打开【CLOUDNC CAM ASSIST】操作面板，选择【3+2 Axis[beta]】加工模式，再单击【Automatic (beta program only)】单选按钮，可重新生成正确的铣削操作。但是要想使用【Automatic (beta program only)】功能，需要向官方网站申请，否则不能使用。单击下方的 Give us feedback on 3+2 strategies 按钮进行注册申请。截至本书成稿之日，此功能还没有开通测试，因此可通过邮件申请测试。

10. 这里我们通过手动修改错误。在标识有 Wall 的铣削工序下，双击 ⌂ 轮廓选择，弹出【2D 轮廓：Wall】面板。在【2D 轮廓：Wall】面板的【形状】选项卡中，删除所有的轮廓串联，单击【确定】按钮，如图 5-101 所示。

5.3 AI 辅助 3D 曲面及多轴铣削加工

图 5-101

11. 切换到【设计】模式，单击【实体】选项卡中的【创建草图】按钮，绘制与零件轮廓相同直径（300mm）的圆形，单击【完成草图】按钮，如图 5-102 所示。

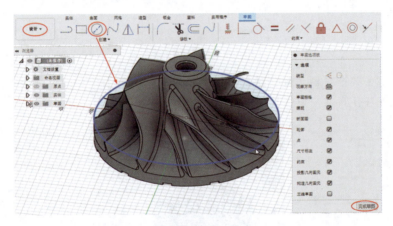

图 5-102

12. 切换回【制造】模式，再次打开错误铣削工序的【2D 轮廓：WALL】面板，单击【串联】按钮，然后选取步骤 11 创建的草图曲线作为轮廓，如图 5-103 所示。完成后关闭属性面板。

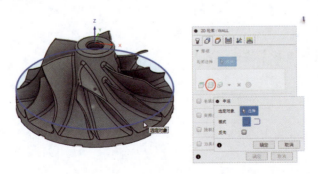

图 5-103

147

13. 有错误的铣削工序重新生成，以创建刀路，如图 5-104 所示。

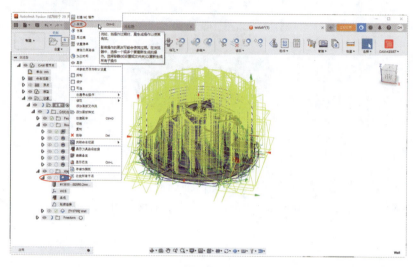

图 5-104

14. 右击某个铣削工序，选择快捷菜单中的【仿真】命令，进行仿真操作，验证加工是否符合要求，如图 5-105 所示。

图 5-105

15. 单击【后处理】按钮，完成 NC 代码的输出。

第 6 章 AI 辅助其他类型铣削加工

在 Mastercam 中,除了涵盖 2D 平面铣削、3D 曲面铣削以及多轴铣削加工技术外,还整合了钻削、车削和线切割等多种加工方式。本章将深入分析 AI 技术是如何与 Mastercam 在车削加工、钻削加工以及线切割加工中实现有效结合的。

6.1 Mastercam 钻削加工方法

钻削加工是非常重要的加工类型。钻削加工也是二维加工中的一种特例,之所以单独讲解,是因为孔的加工方法有很多种,例如铣削加工、数控钻孔、普通机床钻孔、扩孔、镗孔等。

钻孔刀路主要用于钻孔、镗孔和攻丝等加工。钻削加工除了要设置通用参数,还要设置专用钻孔参数。

要进行钻孔刀路的编制,就必须定义钻孔所需要的点。这里所说的钻孔点并不仅仅指"点",而是指能够用来定义钻孔刀路的图素,包括存在点、各种图素的端点、中点以及圆弧等,都可以作为钻孔刀路的图素。

在【铣床 - 刀路】选项卡的【2D】面板中单击【孔加工】组中的【钻孔】按钮 ,弹出图 6-1 所示的【刀路孔定义】面板。通过【选择】选项卡来定义要钻孔的点,其中有 4 种常见钻孔点的定义方式,分别介绍如下。

一、按【选择的排序】方式

采用【选择的排序】方式时,用户可以选择存在点、输入的坐标点、捕捉图素的端点、中点、交点、中心点或圆的圆心点、象限点等来产生钻孔点,并按照自己的习惯进行有意义的排序,如图 6-2 所示。

图 6-1

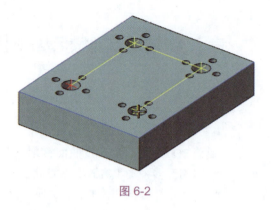

图 6-2

二、按【2D 排序】方式

当零件中要加工的孔比较多且排列整齐时，可采用【2D 排序】方式来定义钻孔点。2D 排序方式的排列组合类型比较多，在【排序】组中单击【排序】按钮 ⌄，可展开【2D 排序】的排序类型，如图 6-3 所示。选择一种 2D 排序类型（如【X+ Y+】类型），可以在零件中随意选取孔，系统会将所选孔自动进行 2D 排序，结果如图 6-4 所示。

图 6-3

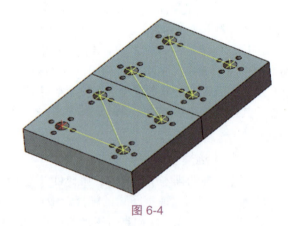

图 6-4

三、按【旋转排序】方式

当零件中的孔需要按照环形阵列规则进行布置时，定义钻孔点时可采用【旋转排序】方式。在【排序】组中单击【排序】按钮 ⌄，可展开【旋转排序】的排序类型，如图 6-5 所示。图 6-6 所示为按照【顺时针旋转＋】类型进行排序的钻孔点。

6.1 Mastercam 钻削加工方法

图 6-5

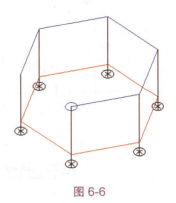

图 6-6

四、按【断面排序】方式

【断面排序】方式主要针对零件表面为异形曲面的情况，当然也适用于平面上的钻孔定义。【断面排序】类型如图 6-7 所示。图 6-8 所示为按【顺时针 Z+】类型进行排序的钻孔点。

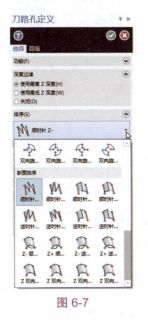

图 6-7

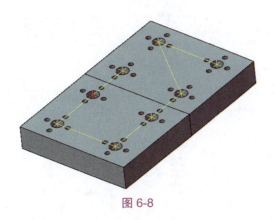

图 6-8

【例 6-1】模具模板钻削加工。

本例将对图 6-9 所示的模具模板进行钻削加工，加工刀路如图 6-10 所示。

151

图 6-9　　　　　　　　　　　　　图 6-10

1. 打开本例源文件"6-1.mcam"。

2. 在【铣床 - 刀路】选项卡的【2D】面板中单击【孔加工】组中的【钻孔】按钮，弹出【刀路孔定义】面板。

3. 在模板中依次选取 16 个小圆孔（注意选取的顺序）的圆心作为钻孔点，如图 6-11 所示。完成选取后单击【确定】按钮。

图 6-11

4. 在弹出的【2D 刀路 - 钻孔 深孔钻 - 无啄孔】对话框的【刀具】面板中定义新刀具 D4（直径为 4mm 的标准钻头）及相关参数，如图 6-12 所示。

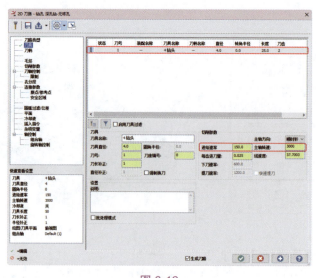

图 6-12

5. 在【切削参数】面板中设置切削相关参数,如图 6-13 所示。

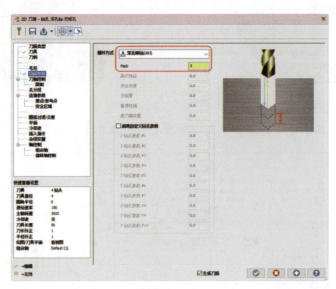

图 6-13

6. 在【连接参数】面板中设置安全高度、提刀、毛坯顶部余量、钻削深度及刀尖补正等参数,如图 6-14 所示。

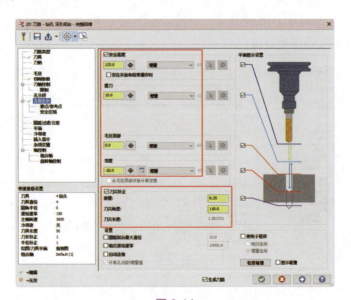

图 6-14

7. 其余选项保持默认设置,最后单击【确定】按钮 生成刀路,如图 6-15 所示。
8. 单击【实体模拟】按钮 进行实体仿真模拟,如图 6-16 所示。

图 6-15

图 6-16

9. 在【刀路】管理器面板中复制前面完成的深孔啄钻工序,并原位进行粘贴,如图 6-17 所示。

图 6-17

10. 选择【参数】选项,打开【2D 刀路 - 钻孔 深孔啄钻 - 完整回缩】对话框。在【刀具】面板中新建 D10 的钻头,如图 6-18 所示。其余选项保持默认设置,单击【确定】按钮 ✓ 关闭对话框。

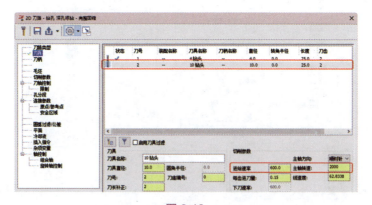
图 6-18

11. 在【刀路】管理器面板中,选择新铣削加工工序下的【图形】选项,打开【刀路孔定义】面板。然后将【选择】选项卡的【功能】特征列表中的点全部删除(选中并右击,选择【删除】命令),接着重新选取模板中的 4 个大孔,如图 6-19 所示。

12. 关闭【刀路孔定义】面板后,在【刀路】管理器面板中的新工序下,选择【刀路】选项,弹出【警告:已选择无效的操作】对话框,单击【确定】按钮 ✓ 重新生成刀路,如图 6-20 所示。

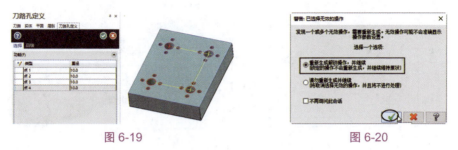

图 6-19　　　　　　　　　　　　图 6-20

重生成的啄钻刀路和刀路模拟结果如图 6-21 所示。

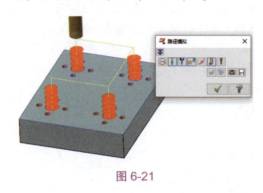

图 6-21

6.2　Mastercam 车削加工方法

在【机床】选项卡的【机床类型】面板中选择【车床】/【默认】命令,弹出【车床-车削】选项卡、【车床-铣削】选项卡和【木雕刀路】选项卡,Mastercam 车削加工工具在【车床-车削】选项卡中,如图 6-22 所示。

图 6-22

【车床-车削】选项卡和【木雕刀路】选项卡中的加工指令与【铣床-刀路】选项卡中的加工指令是完全相同的,这里不再赘述。下面仅介绍【车床-车削】选项卡的【标准】面板中的常见标准车削加工类型,包括粗车、精车、车槽与车端面和切断。

155

下面以一个轴类零件的完整车削加工过程为例进行详解，要加工的轴零件如图 6-23 所示。

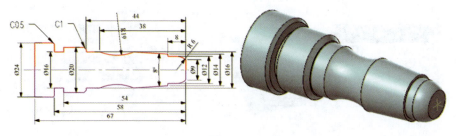

图 6-23

根据零件图样、毛坯情况，确定工艺方案及加工路线。对于本例的回转体轴类零件，轴心线为工艺基准。粗车外圆可采用阶梯切削路线，为编程时数值计算方便，前段半圆弧部分用同心圆车圆弧法。工步顺序如下。

（1）粗车外圆的顺序是：车 $\phi 9$ 右端面→车 $\phi 12$ 外圆弧段→车 $\phi 14$ 外圆与斜面段→车 $\phi 16$ 外圆段→车 $\phi 20$ 外圆段→车 $\phi 24$ 外圆段。

（2）粗车 $R19$ 圆弧段。

（3）精车整个零件外圆。

（4）精车 4mm 宽的退刀槽。

（5）切断 $\phi 24$ 外圆段尾端的废料。

加工本例零件的刀具及其用途如下。

- T1（T0101 R0.8 OD ROUGH RIGHT 80 DEG）：左手外圆车刀，刀尖角为 80°，粗车台阶面、毛坯端面和圆弧面。
- T2（T0101 R0.8 OD ROUGH RIGHT 50 DEG）：左手外圆车刀，刀尖角为 55°，精车台阶面、倒斜角面和圆弧面。
- T3（T15115 R0.4 W4 OD GROOVE CENTER-MEDIUM）：左手、刀片宽 4mm、刀片长 10mm 的槽刀，用于切槽。
- T4（T3131 R0.8 ROUGH FACE RIGHT-80 DEG）：左手、刀片宽 4mm、刀片长 16mm 的槽刀，车削端面并切断毛坯。

6.2.1 粗车

使用粗车加工类型可快速去除大量毛坯，以便为精车加工做准备。粗车加工是平行于 Z 轴的直线切削，可设置用于插入底切区域的选项。标准粗车加工的刀路设置中还包括半精加工选项，粗切铣削刀具将按照零件轮廓进行最终走刀。

【例 6-2】粗车加工。

本例的粗车刀路如图 6-24 所示，仿真模拟结果如图 6-25 所示。

6.2 Mastercam 车削加工方法

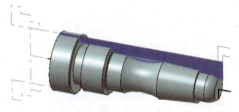

图 6-24

图 6-25

一、零件处理

零件处理主要是在加工坐标系（刀具面坐标系）不正确时进行的一系列操作。

1. 打开本例源文件"6-2.mcam"。

2. 在【视图】选项卡的【显示】面板中单击【显示指针】按钮，显示当前坐标系，检查 WCS、绘图平面坐标系和刀具面坐标系是否完全重合，如果不一致，会出现 3 个坐标系，若三者重合仅显示 WCS，如图 6-26 所示。

图 6-26

> 提示：在车削加工中，Mastercam 有如下 4 项规定。
> （1）回转零件的截面图形必须在绘图平面上。
> （2）绘图平面、WCS 工作平面和刀具平面必须重合。也就是说，如果截面图形在俯视图平面上，只能设置俯视图平面作为工作平面，不能设置前视图平面或其他视图平面作为当前 WCS 工作平面，否则不能正确创建刀路。
> （3）坐标系原点必须在回转零件的前端圆面的圆心位置，或者与前端面有一定距离，留出端面毛坯距离。
> （4）零件前端的毛坯边界不能超出坐标系原点位置，若超出，需重新指定下刀点。
> 若有一项不符合规定，须立即做出处理。本例零件基本上满足以上规定，此处不再进一步处理。

3. 在【刀路】管理器面板中选择【毛坯设置】选项，弹出【机床群组属性】对话框。在【毛坯设置】选项卡中单击【毛坯】选项组下的【参数】按钮，弹出【机床组件管理：毛坯】对话框，输入各项参数，完成毛坯的设置，如图 6-27 所示。

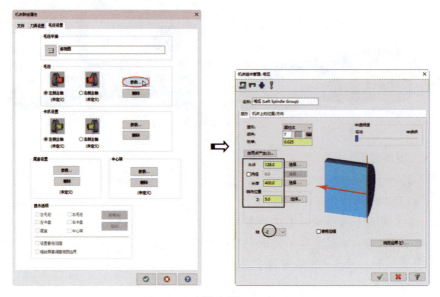

图 6-27

4. 在【毛坯设置】选项卡中单击【卡爪设置】选项组中的【参数】按钮,弹出【机床组件管理:卡盘】对话框。先在【图形】选项卡中设置参数,如图 6-28 所示。

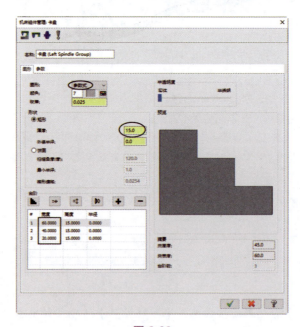

图 6-28

5. 接着在【参数】选项卡中设置参数,如图 6-29 所示。

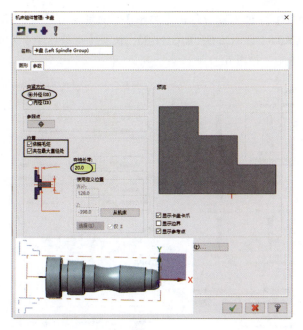

图 6-29

二、粗车外圆截面中的直线部分

1. 在【车床-车削】选项卡的【标准】面板中单击【粗车】按钮，弹出【实体串连】对话框。单击【实体】按钮，在绘图区选取加工串连，选取后注意箭头指向应是从轴前端到尾端，如图 6-30 所示。

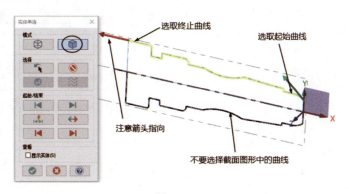

图 6-30

> **提示**：在选择串连时，系统会自动显示整个零件的完整轮廓曲线供用户选择。用户选择时应注意坐标系的 +Y 轴向，因为刀具方向（头朝原点、尾朝 +Y 轴向）始终跟 +Y 轴向保持一致，所以此处应选取在 +Y 轴向一侧的串连，而不是 -Y 轴向一侧的串连。如果选择错误，那么在创建刀路时会提示刀具与毛坯产生碰撞。

2. 单击【确定】按钮 后弹出【粗车】对话框。在【刀具参数】选项卡中选择外圆车刀 T0101 R0.8 OD ROUGH RIGHT-80，设置【进给速率】为 0.3 毫米/转，【最大主轴转速】为 1000，如图 6-31 所示。

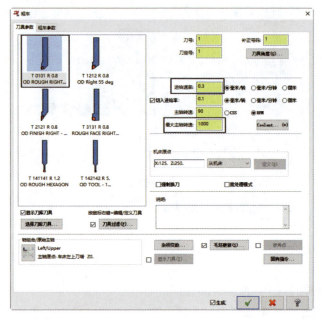

图 6-31

3. 在【刀具参数】选项卡中勾选【参考点】按钮前的复选框，单击【参考点】按钮弹出【参考点】对话框。输入【进入】坐标值和【退出】坐标值，如图 6-32 所示，单击【确定】按钮 。

图 6-32

> **提示**：参考点的设置很重要，如果不设置，系统会自动跟随零件外形进行切削，若毛坯大于零件，那么车削时刀具会与设置的毛坯产生碰撞，无法生成正确刀路。设置参考点的目的是保护刀具。

4. 在【粗车参数】选项卡中设置切削深度为 1mm。在【刀具在转角处走圆角】下拉列表中选择【无】选项，在【毛坯识别】选项组中选择【使用毛坯外边界】选项，其余参数保持默认设置，如图 6-33 所示。

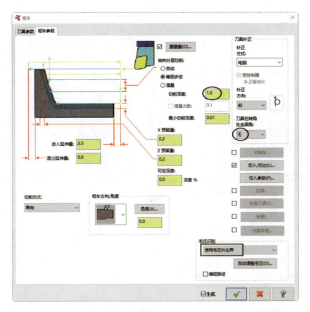

图 6-33

5. 粗车参数设置完成后单击【确定】按钮 ✓ ，生成粗车刀路，如图 6-34 所示。

三、粗车外圆截面中的圆弧部分

接下来再对弧形凹槽采用粗车方法进行加工，车槽加工刀路的设置步骤如下。

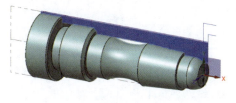

图 6-34

1. 在【车床-车削】选项卡的【标准】面板中单击【粗车】按钮，弹出【实体串连】对话框。然后在绘图区中选取圆弧曲线作为加工串连，如图 6-35 所示。

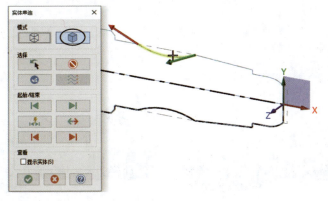

图 6-35

2. 随后弹出【粗车】对话框，设置参数如图 6-36 所示。

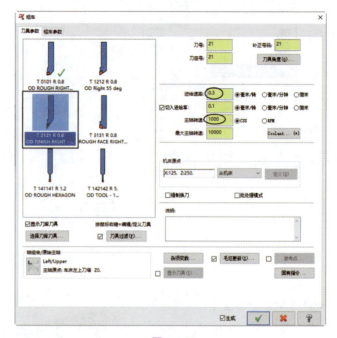

图 6-36

3. 在【刀具参数】选项卡中勾选【参考点】按钮前的复选框，单击【参考点】按钮，弹出【参考点】对话框。在【进入】选项组单击【选择】按钮，然后选取一个零件圆弧面上的参考点并修改其坐标值，如图 6-37 所示。

4. 同理，按此方法设置退刀点，单击【确定】按钮 ✓，完成参考点设置，如图 6-38 所示。

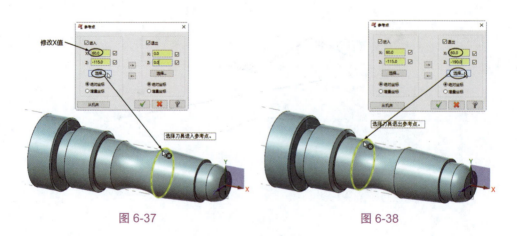

图 6-37　　　　　　　　　　　　　图 6-38

5. 在【粗车】对话框的【粗车参数】选项卡中设置粗车参数，如图6-39所示。

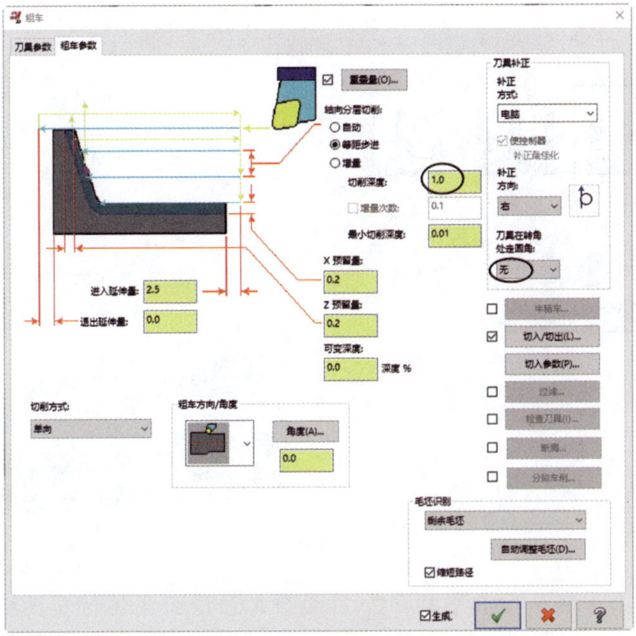

图 6-39

6. 单击【切入/切出】按钮，弹出【切入/切出设置】对话框。在【切入】选项卡中勾选【切入圆弧】复选框，并单击【切入圆弧】按钮，设置圆弧参数，如图6-40所示。同理，在【切出】选项卡也进行相同的设置，如图6-41所示。

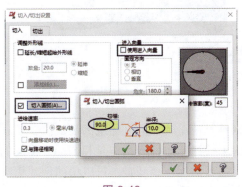

图 6-40

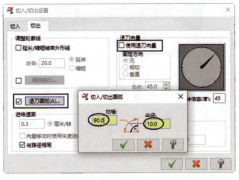

图 6-41

7. 在【粗车参数】选项卡中单击【切入参数】按钮，弹出【车削切入参数】对话框。选择第二项【允许双向垂直下刀】切入方式来切削凹槽，单击【确定】按钮，完成车削切入参数的设置，如图6-42所示。

8. 在【粗车参数】选项卡的【毛坯识别】选项组中选择【剩余毛坯】选项，最后单击【确定】按钮，生成粗车弧形槽的刀路，如图 6-43 所示。

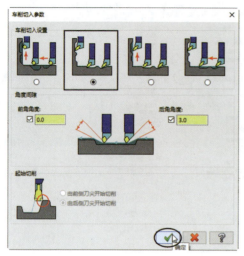

图 6-42

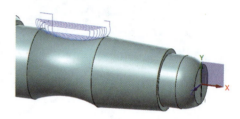

图 6-43

9. 最后单击【实体仿真】按钮对两个工序进行实体仿真模拟，模拟结果如图 6-44 所示。

图 6-44

6.2.2 精车

精车主要切削工件上的粗车后留下的材料。精车的目的是尽量满足加工要求和光洁度要求，达到与设计图纸要求一致。精车的操作过程与粗车是相同的，不同的是替换较小刀具和更改切削深度参数，所以精车的操作技巧是：可以单独创建精车工序来完成精车加工，也可以将前面创建的粗车工序进行复制、粘贴，仅替换刀具和更改部分参数等。这里采用复制、粘贴的方法进行精车刀路的创建。

精车工序这里不再重复叙述，轴零件的精车刀路及实体仿真模拟结果如图 6-45 所示。

6.2 Mastercam 车削加工方法

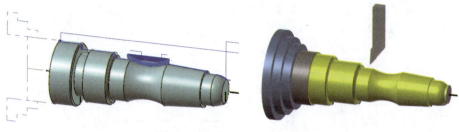

图 6-45

6.2.3 车槽

径向车削的凹槽加工主要用于车削工件上的凹槽部分。本小节继续轴零件的退刀槽的粗车和精车加工。在 Mastercam 中可一次性地完成粗车和精车,无须单独粗车或单独精车。

【例 6-3】退刀槽的车削加工。

退刀槽的车削加工刀路如图 6-46 所示,实体模拟结果如图 6-47 所示。

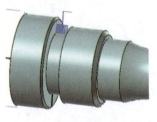

图 6-46

图 6-47

1. 延续【例 6-2】的操作。在【车床 - 车削】选项卡的【标准】面板中单击【沟槽】按钮 ,弹出【沟槽选项】对话框。保持默认选项设置,单击【确定】按钮 ,弹出【实体串连】对话框,在绘图区选取图 6-48 所示的串连外形。

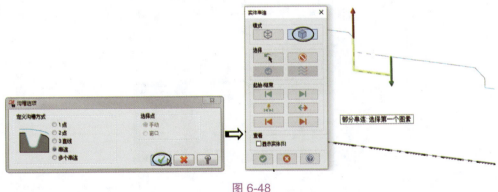

图 6-48

2. 随后弹出【沟槽粗车（串联）】对话框，在【刀具参数】选项卡中选择刀具并设置参数，如图 6-49 所示。

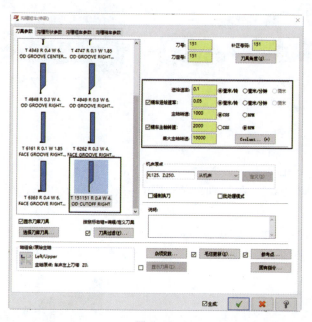

图 6-49

3. 在【刀具参数】选项卡中勾选【参考点】复选框，单击【参考点】按钮，弹出【参考点】对话框。勾选【退出】复选框，单击【选择】按钮，选取退刀参考点，并修改 X 值为 70，单击【确定】按钮 ✓，完成参考点设置，如图 6-50 所示。

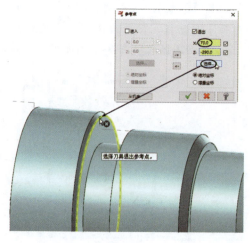

图 6-50

4. 在【沟槽粗车参数】选项卡中设置沟槽粗车参数,如图 6-51 所示。

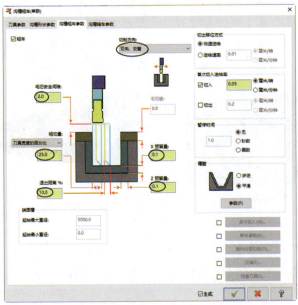

图 6-51

5. 在【沟槽精车参数】选项卡中设置沟槽精车参数,如图 6-52 所示。

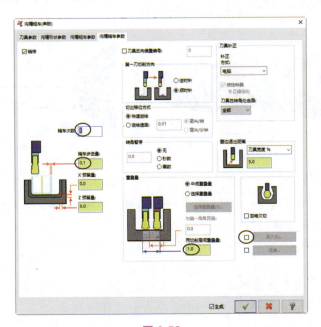

图 6-52

6. 单击【沟槽粗车（串联）】对话框中的【确定】按钮 ✓，根据所设置的参数生成退刀槽粗车与精车刀路，如图 6-53 所示。

7. 单击【实体仿真】按钮 进行仿真模拟，模拟结果如图 6-54 所示。

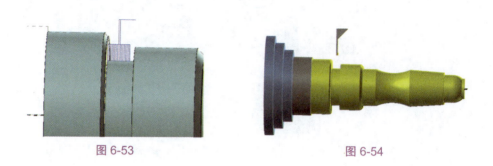

图 6-53   图 6-54

6.2.4 车端面和切断

车端面加工适用于车削毛坯件的端面，或零件结构在 Z 方向的尺寸较大的场合。切断加工是在零件车削完成后从毛坯件中将所需的部分切割出来的操作过程。

【例 6-4】端面车削和毛坯件切断。

本例将轴零件的端面进行粗车和精车操作，并创建切断刀路，如图 6-55 所示。实体模拟结果如图 6-56 所示。

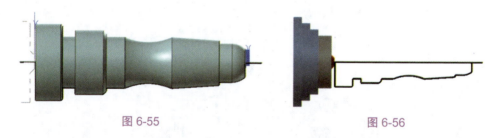

图 6-55   图 6-56

一、车削端面

1. 延续【例 6-3】的操作。在【车床 - 车削】选项卡的【标准】面板中单击【车端面】按钮 ，弹出【车端面】对话框。

2. 在【车端面】对话框中的【刀具参数】选项卡中设置刀具和刀具参数，如图 6-57 所示。

3. 在【车端面】对话框的【车端面参数】选项卡中设置参数，单击【选择点】按钮设置端面区域，选取两点作为端面区域，如图 6-58 所示。

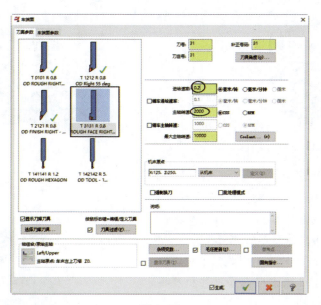

图 6-57

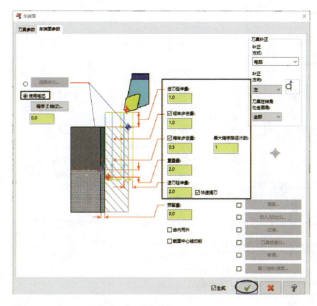

图 6-58

4. 单击【确定】按钮 ![icon]，生成车削端面刀路，如图 6-59 所示。
5. 单击【实体仿真】按钮 ![icon] 进行仿真模拟，模拟结果如图 6-60 所示。

图 6-59

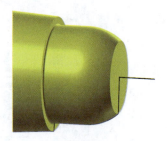

图 6-60

二、切断毛坯件

1. 在【车床-车削】选项卡的【标准】面板中单击【切断】按钮，按信息提示选取切断边界点，如图 6-61 所示。

2. 随后在弹出的【车削截断】对话框的【刀具参数】选项卡中设置刀具和刀具参数，如图 6-62 所示。

3. 在【切断参数】选项卡中设置其余选项和参数，如图 6-63 所示。

图 6-61

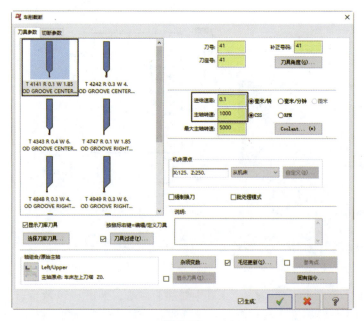

图 6-62

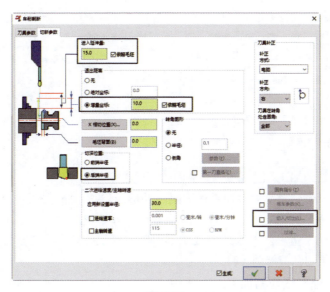

图 6-63

4. 单击【确定】按钮 ✓ ，生成车削截断刀路，如图 6-64 所示。
5. 单击【实体仿真】按钮 进行仿真模拟，模拟结果如图 6-65 所示。

图 6-64　　　　　　　　　　　　　　图 6-65

6.3　Mastercam 线切割加工方法

　　线切割是电极丝根据选取的加工串联外形切割出产品形状的加工方法。该方法可以切割直侧壁的零件，也可以切割带锥度的零件。线切割加工的应用较广泛，可以加工很多较规则的零件。

　　在【机床】选项卡的【机床类型】面板中选择【线切割】/【默认】命令，弹出【线切割-线割刀路】选项卡，如图 6-66 所示。

图 6-66

6.3.1 外形线切割加工

外形线切割的加工方法可在 XY 平面（下轮廓）和 UV 平面（上轮廓）中具有相同形状的情况下创建垂直刀路和锥度刀路。外形线切割刀路（简称"线割刀路"）可以向内或向外逐渐变细，并指定焊盘的位置作为开始变细的起点。用户还可通过指定尖角和平滑角来进一步修改外形线切割刀路的形状。外形线切割刀路也可以基于开放边界并用于切断或修剪零件。

【例 6-5】外形线切割加工。

本例将对图 6-67 所示的零件模型进行外形线切割加工，加工模拟的结果如图 6-68 所示。

图 6-67　　　　　　　　　　　图 6-68

> **提示**：本例采用直径 D0.14 的电极丝进行切割，放电间隙为单边 0.02mm，因此，补正量为 0.14/2+0.02=0.09mm，采用控制器补正，补正量即 0.09mm，穿丝点是事先定义的点。进刀线长度取 5mm，切割一次完成。

1. 打开本例源文件 "6-3.mcam"。
2. 在【线切刀路】面板中单击【外形】按钮 ，弹出【线框串连】对话框。
3. 先选取穿丝点，再选取加工串联，操作方式如图 6-69 所示。

> **提示**：选取加工串连时，要注意选取起始曲线，须在靠近穿丝点的位置选取，否则线切割时刀具会直接切坏毛坯。

4. 弹出【线切割刀路 - 外形参数】对话框。在【钼丝/电源】面板中设置电极丝参数，如图 6-70 所示。

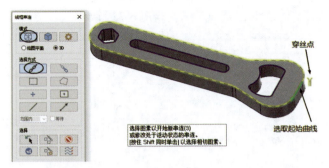

图 6-69

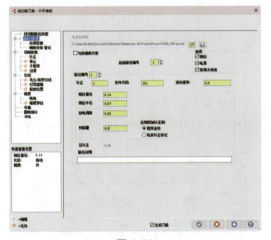

图 6-70

5. 在【切削参数】面板中设置切削相关参数，如图 6-71 所示。

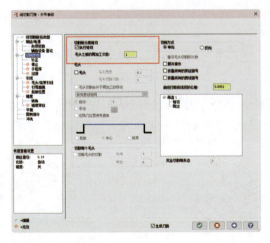

图 6-71

6. 在【补正】面板中设置补正参数，如图 6-72 所示。

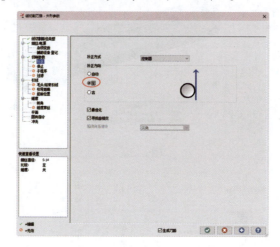

图 6-72

7. 在【锥度】面板中设置线切割锥度和高度参数，如图 6-73 所示。

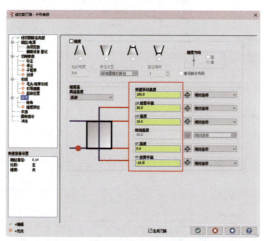

图 6-73

8. 单击【确定】按钮 ，生成线切割刀路，如图 6-74 所示。
9. 单击【实体模拟】按钮 进行实体仿真，仿真效果如图 6-75 所示。

图 6-74

图 6-75

6.3.2 无屑线切割

无屑线切割加工将移除带有一系列偏置刀路的封闭外形内的所有材料。此切割类型不会使工件生成废料块,是一种安全的切割方式。通常情况下,当零件内部要切削的面积较小时,可使用此线切割类型。

图 6-76 所示为对某零件进行无屑线切割加工及模拟的示例。

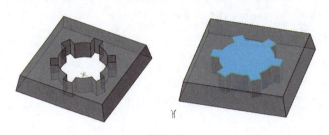

图 6-76

6.3.3 4 轴线切割

4 轴线切割主要是用来切割上下异形的工件。4 轴主要是 X 轴、Y 轴、U 轴、V 轴。此切割类型可以加工比较复杂的零件。

图 6-77 所示为对某零件外侧壁进行 4 轴线切割加工及模拟的示例。

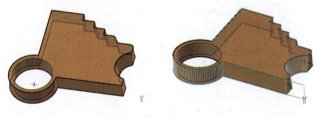

图 6-77

■ 6.4 AI 辅助其他类型铣削加工的应用

AI 技术正在深度融入制造业的各个环节,为传统加工工艺注入新的活力。在钻削、车削和线切割加工领域,使用 AI 工具可以自动生成最佳的刀路,从而大幅提高加工效率和质量。本节主要介绍 AI 辅助钻削加工的应用。

6.4.1 AI 辅助其他类型铣削加工的应用简述

AI 工具可以基于工件材料、尺寸等特性,结合加工工艺要求,自动规划出最佳

第6章 AI辅助其他类型铣削加工

的加工刀路。它能够精准预测和控制刀具的进给速率、主轴转速等参数，确保加工的高精度和高效率。同时，AI工具还可以动态监测和优化刀具状态，降低刀具磨损，延长刀具使用寿命。

AI工具在车削、线切割、钻削加工领域的应用概述如下。

一、车削加工优化

- 利用机器学习算法分析加工参数、刀具状态、工件材料等数据，优化车削加工工艺参数，提高加工精度和效率。
- 预测并诊断加工过程中的异常情况，如刀具磨损、振动等，及时调整参数以确保加工质量。
- 目前没有AI工具来自动生成车削加工G代码，可以通过ChatGPT来生成车削加工G代码。图6-78所示为通过ChatGPT生成车削加工G代码的简单示例。

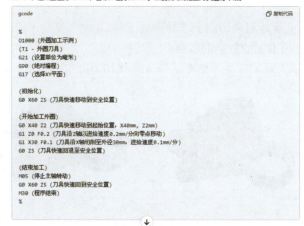

图 6-78

二、线切割加工质量控制

- 利用电气放电参数、切削液喷射、气体扩散等多源数据，训练AI模型预测切割质量，并自动调整切割参数。
- 基于机器视觉技术，识别切割过程中的缺陷并反馈至控制系统，实现自动调整和补正。
- 目前没有AI工具来自动生成线切割加工G代码，可以通过ChatGPT来生成线切割加工G代码。图6-79所示为通过ChatGPT生成线切割加工G代码的简单示例。

6.4 AI 辅助其他类型铣削加工的应用

> 你可以生成线切割加工的G代码吗？给一个示例代码，谢谢

当然可以！下面是一个简单的线切割（EDM）加工的G代码示例。线切割加工通常是用来加工较为复杂的二维轮廓，通常使用的是电极线在工件上进行切割。以下代码示例为一个简单的矩形轮廓切割，假设工件在XY平面上。

示例：矩形轮廓线切割G代码

假设我们要在工件上切割一个长100mm、宽50mm的矩形。

```gcode
%
O2000 (线切割加工示例)
(T1 - 线切割电极)
G21 (设置单位为毫米)
G90 (绝对编程)
G17 (选择XY平面)

(初始化)
G0 X0 Y0 (刀具移动到起始位置)
G1 Z-2 F0.5 (刀具下移至加工深度，假设为-2mm)

(开始切割矩形轮廓)
G1 X100 Y0 F1 (切割至X100, Y0, 进给速度1mm/分)
G1 X100 Y50 (切割至X100, Y50)
G1 X0 Y50 (切割至X0, Y50)
G1 X0 Y0 (切割回到起点X0, Y0)

(结束加工)
G0 Z5 (刀具上移至安全位置)
M05 (停止主轴转动)
G0 X0 Y0 (刀具回到原点)
M30 (程序结束)
%
```

图 6-79

三、钻削加工的 AI 应用

AI 技术在钻削加工领域的应用，能够推动制造业的智能化发展，主要体现在显著提高加工效率、精度和安全性，以及降低生产成本等方面，具体如下。

- 优化钻孔工艺：AI 工具可通过分析历史数据与实时传感器反馈，自动调整钻孔参数，像转速、进给量和切削深度等，以契合不同材料特性与加工要求，进而提高钻孔的效率与精度。
- 智能识别与定位：在钻孔期间，AI 工具能智能识别工件的位置和形状，自动调整钻孔位置，降低人工定位误差，提升钻孔的准确性与一致性。
- 预测刀具磨损与剩余寿命：AI 模型对刀具使用过程的数据加以学习后，能够预测刀具的磨损状况与剩余寿命，及时提示更换刀具，防止因刀具过度磨损引发的加工质量问题和设备故障。
- 实时监控与故障预警：AI 工具可实时监控钻削过程中的各类参数，例如振动、温度和切削力等，一旦有异常情况，马上发出预警，助力操作人员及时采取措施，避免设备损坏和安全事故发生。
- 自动化编程与路径规划：AI 工具还能够自动生成钻削加工的编程代码与刀路，减少人工编程的时间与错误，提高加工效率和精度。

6.4.2 AI 辅助钻削加工

在本例中，我们可以利用 ChatGPT 为零件辅助生成钻削加工的工艺方案，并将加工工艺方案中的相关参数和 G 代码输入相关 AI 平台中进行仿真模拟，以验证参数及 G 代码的正确性。我们还可以使用 CAM Assist 插件来自动生成零件铣削加工刀路。接下来演示如何利用 CAM Assist 插件进行代码生成操作。

本例要进行钻削加工的零件如图 6-80 所示。

图 6-80

【例 6-6】利用 CAM Assist 自动生成钻削加工代码。

1. 启动 Autodesk Fusion，工作界面如图 6-81 所示。

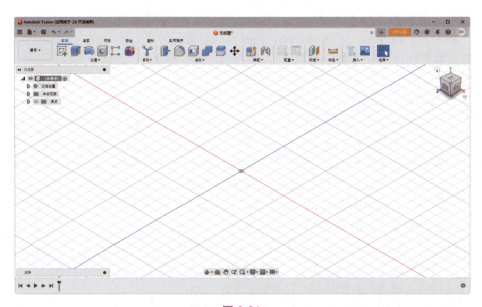

图 6-81

2. 在顶部菜单栏中执行【文件】/【打开】命令，将本例源文件夹中的"6-4.stp"文件打开，如图 6-82 所示。

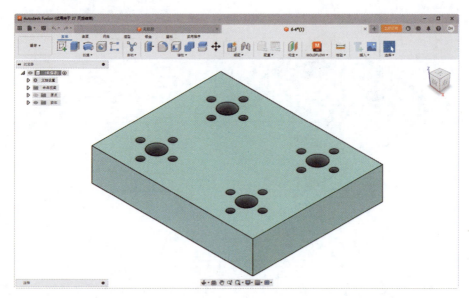

图 6-82

3. 在【工作空间】列表中选择【制造】选项，进入数控加工环境。
4. 在【铣削】选项卡的【设置】面板中单击【设置】按钮，弹出【设置】面板。在【毛坯】选项卡中设置毛坯相关参数，如图 6-83 所示。

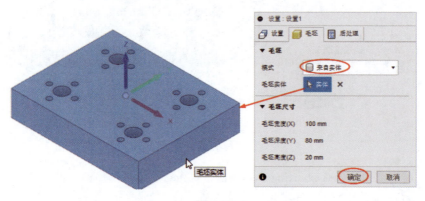

图 6-83

5. 在【铣削】选项卡中单击【CAM ASSIST】图标，弹出【CLOUDNC CAM ASSIST】操作面板。
6. 保持操作面板中的所有选项及参数的默认设置，单击【Run】按钮。随后

CAM Assist 自动识别模型并生成所有的铣削加工工序，如图 6-84 所示。

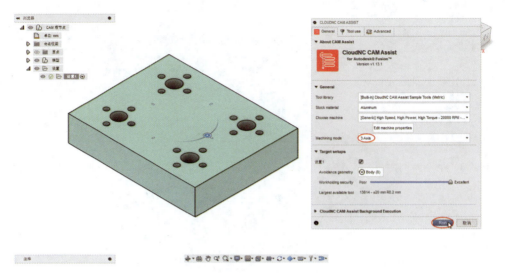

图 6-84

7. AI 自动完成铣削加工后，在图形区左侧的 CAM 节点树中可以找到所创建的铣削加工工序，如图 6-85 所示。

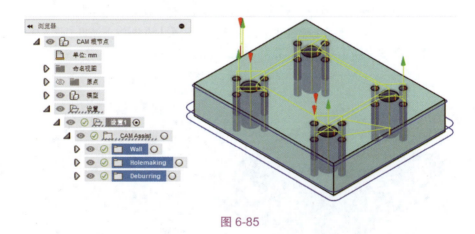

图 6-85

8. 将 Wall 工序和 Deburring 工序删除，仅保留孔铣削工序，如图 6-86 所示。

9. 右击孔铣削工序，选择快捷菜单中的【仿真】命令，进行仿真验证，结果如图 6-87 所示。

10. 在 Autodesk Fusion 的【铣削】选项卡的【动作】面板中单击【后处理】按钮，在弹出的【NC 程序：NCProgram1】对话框中设置后处理器，如图 6-88 所示。

6.4 AI 辅助其他类型铣削加工的应用

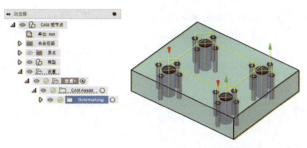

图 6-86

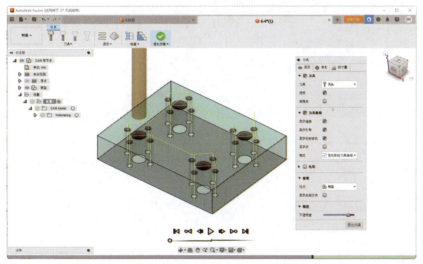

图 6-87

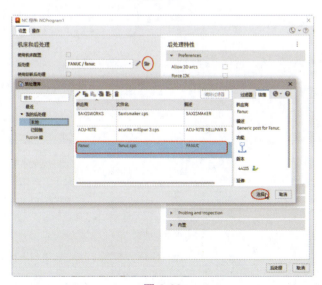

图 6-88

11. 设置 NC 代码输出的文件夹后，单击【后处理】按钮，完成 NC 代码的输出，如图 6-89 所示。

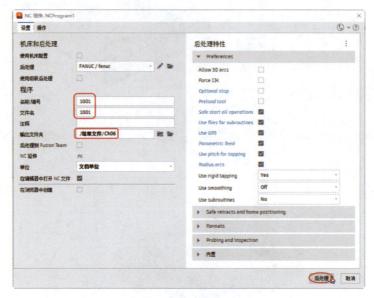

图 6-89

第 7 章　Mastercam 机床仿真与后处理

机床仿真是利用 Mastercam 的后处理器对所编制的加工程序进行机床模拟，达到与实际加工一致的要求，可以极大地提高生产效率。机床仿真成功后，可通过后处理器将加工程序以适用于各类数控系统的格式导出。

7.1　Mastercam 机床仿真

机床仿真也被称为后置仿真，它是利用 Mastercam 的数控加工模块提供的仿真机床和后处理器模块自带的后处理器程序来进行的机床仿真操作过程。

Mastercam 提供了 5 轴数控加工中心和 4 轴车削加工中心用于机床仿真，如图 7-1 所示。当设置了仿真机床，程序会自动调用该机床的后处理器生成 NC 代码，而不用再进行后处理输出 NC 代码。

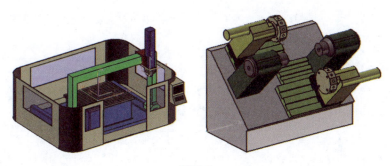

图 7-1

7.1.1　机床设置

要进行机床仿真，就要对机床的相关参数进行设置，主要包括控制定义、机床定义和材料定义等。

一、控制定义

控制定义就是定义数控机床的控制系统，为后处理器提供正确定义的刀路信息，让后处理创建满足控件要求的 NC 加工文件。

1. 打开本例源文件"叶片多轴加工 .mcam"。

2. 在【机床】选项卡的【机床设置】面板中单击【控制定义】按钮，弹出【控制定义】对话框，如图 7-2 所示。

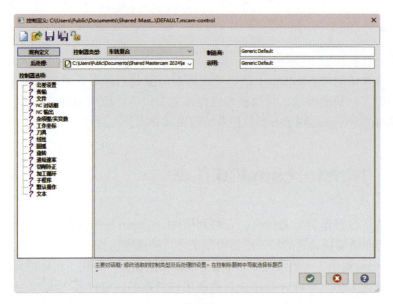

图 7-2

> **提示**：用户不能在空白的 Mastercam 环境中直接进行控制定义，需要在创建数控加工程序后再进行控制定义。

3. 单击【现有定义】按钮，可以查看当前加工工序的现有控制系统定义，包括机床信息、后处理文件所在的本地路径等基本信息，如图 7-3 所示。系统默认的控制定义是不能直接用在实际数控加工中心中的，需要用户进行定义。

> **提示**：本章源文件夹中提供了后处理文件和机床文件，直接在 Mastercam 2024 安装路径下覆盖即可。后处理文件是以 .pst 后缀命名的文件，需要对后处理文件进行编辑时，可用记事本文件打开它。

4. 单击【打开控制自定义文件】按钮，可从 Mastercam 安装路径下（例如 E:\Program Files (x86)\Shared Mastercam 2024\CNC_MACHINES）打开 CNC 机床控制器文件，比如实际的数控机床为德国西门子机床，可打开 Siemens 808D 3x_4x Mill.mcam-control 控制器文件。然后通过【控制器选项】列表中的选项定义，为输出符合西门子数控系统的文件进行自定义，如图 7-4 所示。自定义完成后可单击【另存为】按钮或者【保存】按钮进行保存，以便后续加工时调取。

图 7-3

> **提示：** 在软件安装路径下的 CNC_MACHINES 文件夹中，包含常见的数控系统所属的机床控制器文件，如日本 FANUC 系统、日本 MAZAK 系统、美国 ANDERSON 系统、德国 Siemens 系统、瑞士 CHARMILLES 系统、美国 KOMO 系统等。

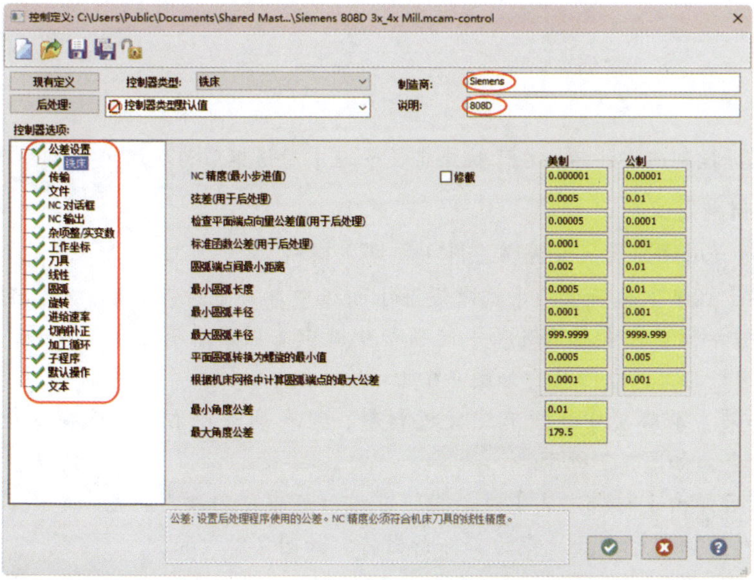

图 7-4

二、机床定义

要输出符合数控系统控制器的加工程序,就必须定义合适的机床,这是有效编程的重要一步。

1. 机床文件默认保存在用户安装 Mastercam 的路径下(例如 E:\Program Files (x86)\Shared Mastercam 2024\CNC_MACHINES),后缀名为 mcam-mmd。在【机床设置】面板中单击【机床定义】按钮,弹出【机床定义管理】对话框,如图 7-5 所示。

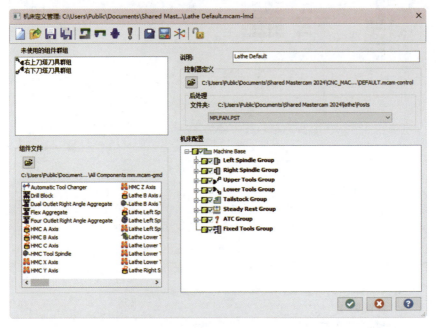

图 7-5

2. 选择控制器文件后,在【机床定义管理】对话框中为机床定义组件及配置等。

三、材料定义

材料定义可用来定义或编辑工件(毛坯)材料。

1. 在【机床】选项卡的【机床设置】面板中单击【材料】按钮,可打开【材料列表】对话框。在【显示选项】选项组中选中【显示所有】单选按钮,将显示已经定义了材料的工件或刀具,如图 7-6 所示。

2. 如果当前环境中还没有定义过材料,可在列表中右击,选择快捷菜单中的【新建】命令,如图 7-7 所示。

3. 随后弹出【材料定义】对话框,在该对话框中为新材料输入参数,以满足材料属性。例如新建 C45 普通钢的工件新材料,如图 7-8 所示。

7.1 Mastercam 机床仿真

图 7-6

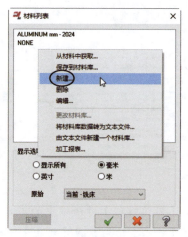

图 7-7

图 7-8

7.1.2 仿真模拟

当铣削加工工序创建完成后，虽然 Mastercam 会自动生成切削刀路，但生成的刀路不一定是正确的，还需要通过仿真模拟操作对刀路进行检验，若发生模拟错误，可及时调整加工参数。

一、刀路模拟

刀路模拟是最简单的一种刀路检验方式，它不需要建立毛坯就可以对刀路进行检验。其缺点是无法判断刀具在加工过程中是否对毛坯或装夹夹具产生碰撞。

1. 在绘图区左侧的【刀路】管理器面板中选择要进行刀路模拟的铣削加工工序"1-3D 高速刀路（区域粗切）-[WCS: 俯视图]-[刀具面: 俯视图]"。

2. 在【机床】选项卡的【模拟器】面板中单击【刀路模拟】按钮 ，弹出【刀

187

路模拟】对话框和仿真动画控制条，如图7-9所示。

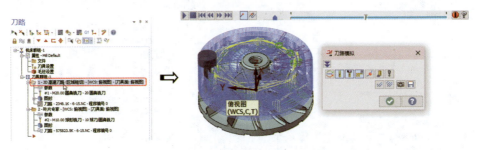

图 7-9

3.【刀路模拟】对话框中的工具用来控制刀路的模拟状态。在仿真动画控制条中单击【开始】按钮▶或【停止】按钮■，可播放或停止播放模拟加工动画。

二、实体仿真

实体仿真可以模拟实际刀具按照设定的刀路切削工件，并得到最终的零件。实体模拟可以检验刀路在加工过程中出现的问题，比如刀具与毛坯发生碰撞后，会在毛坯中产生切削，且以红色高亮显示被误切削的部分。

1. 实体模拟可以针对某一个铣削加工工序，也可以针对多个铣削加工工序。在【刀路】管理器面板中选择要进行实体模拟的工序"2-叶片专家-[WCS:俯视图]-[刀具面:俯视图]"，然后在【机床】选项卡的【模拟器】面板中单击【实体模拟】按钮，系统自动处理NCI数据后打开【Mastercam模拟器】窗口，如图7-10所示。

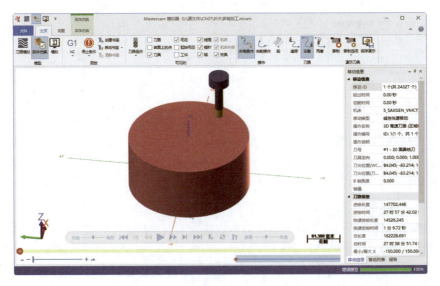

图 7-10

2. 在仿真动画控制条中单击【播放】按钮 ▶，可完整模拟出刀具加工毛坯时的切削过程动画，图 7-11 所示为实体模拟结果。

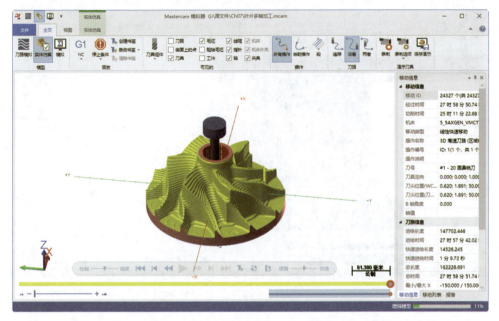

图 7-11

> **提示**：如果要从头到尾播放实体模拟毛坯粗切铣削、半精加工和精加工的切削过程，可在【刀路】管理器面板中选中【刀具群组 –1】节点，此时该节点下所有的铣削加工工序被自动选中，再单击【实体仿真】按钮 ，即可播放完整的毛坯切削动画。

三、模拟

模拟（也称为机床实体模拟）比实体模拟的空间感更强，模拟效果更加真实，它可以模拟毛坯在数控机床上被切削的整个过程。机床中的工作台、装夹治具、毛坯等都是实时动态的。同刀路模拟和实体模拟一样，该模拟方式可以模拟单个铣削加工工序，也可模拟所有铣削加工工序。

1. 在【刀路】管理器面板中选中【刀具群组-1】节点，在【模拟器】面板中单击【模拟】按钮 ，打开【Mastercam 模拟器】窗口。此窗口与前面进行实体模拟时的【Mastercam 模拟器】窗口是完全相同的，只是在模拟（机床实体模拟）的【Mastercam 模拟器】窗口中，【机床】和【机床外壳】选项变得可用。

2. 在仿真动画控制条中单击【播放】按钮 ▶，完全模拟出在机床上铣削毛坯时的切削过程动画，如图 7-12 所示。

虽然增加了机床组件，但模拟（机床实体模拟）的作用和效果与实体模拟是完全相同的，因此用户仅需选择其中一种进行实体模拟，即可达到检验刀路的目的。

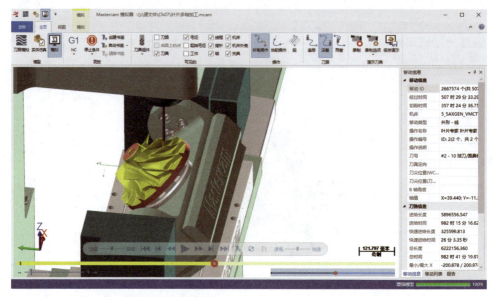

图 7-12

7.1.3 机床模拟

【机床模拟】面板中的【运行模拟】、【刀路模拟】和【实体仿真】3 种模拟工具，是基于用户配置机床参数后再进行的【模拟】、【刀路模拟】和【实体模拟】。

1. 要进行机床模拟，必须先设置机床模拟参数。在【机床模拟】面板的右下角单击【机床模拟选项】按钮 ，弹出【机床模拟】对话框。该对话框可以设置机床模拟参数、后处理设置参数和机床定义参数等，如图 7-13 所示。

> 提示：虽然【模拟器】面板中的【模拟】工具可以模拟出机床在工作状态时切削毛坯的三维空间效果，但也仅仅起到模拟刀具切削和刀路检验的作用而已，不能保证该程序在实际数控机床上顺利地完成工作。因为数控机床的机床参数是不能定义的，数控程序也没有经过后处理，只是增强了空间效果而已。Mastercam 的机床模拟是以最为真实的加工环境来模拟毛坯的切削过程，可以很轻松地通过【机床模拟】对话框来定制合适的机床、经过后处理的加工程序和毛坯、材料、夹具等性能参数。

2. 配置完机床模拟参数后，单击【机床模拟】对话框底部的【模拟】按钮，可打开【机床模拟】窗口，如图 7-14 所示。随后单击【运行】按钮 ▶ 即可进行机床模拟。

7.1 Mastercam 机床仿真

图 7-13

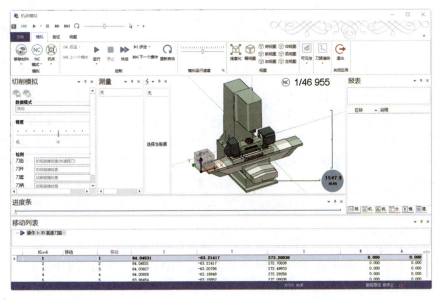

图 7-14

3. 在机床模拟过程中,如果发现刀路有过切和碰撞的问题,系统会及时给出提示。用户根据提示重新对刀路进行编辑,直至顺利完成机床模拟,如图 7-15 所示。

第 7 章　Mastercam 机床仿真与后处理

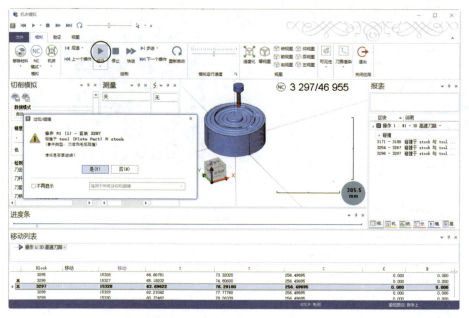

图 7-15

■ 7.2　NC 代码的后处理输出

无论是哪种 CAM 软件，其主要用途都是生成在机床上加工零件的刀路。一般来说，不能直接传输 CAM 软件内部产生的刀路到机床上进行加工，因为不同类型的机床在物理结构和控制系统方面可能不同，对 NC 代码中指令和格式的要求也可能不同。因此，刀路必须经过处理以适应每种机床及其控制系统的特定要求。这种处理，在 Msatercam 中称为"后处理"。后处理的结果是使刀路变成机床能够识别的刀路数据，即 NC 代码，将 NC 代码输出为可存储、可读取的文件（称为"NC 程序文件"或"NC 文件"）。

所以，后处理操作必须具备两个要素：加工刀路和后处理器。

下面以输出能够被通用的 FANUC 数控系统识别的 NC 程序文件为例，详解在 Mastercam 中后处理操作的全部流程。

7.2.1　控制器定义

控制器定义包括控制器的选择、后处理器的选择及后处理器的控制器选项设置。

1. 打开本例源文件"侧刃铣削多轴加工 .mcam"。

2. 在【机床】选项卡的【机床设置】面板中单击【控制定义】按钮，弹出【控制定义】对话框。

> **提示**：此时对话框中已存在一个系统默认的 MPFAN.PST 后处理文件。其实这个后处理文件也适合 FANUC 数控系统，但是这个默认后处理所输出的程序代码不能直接用于加工，需要进行修改才可使用。原因是 MPFAN.PST 后处理文件输出的程序代码中没有最常用的 G54 指令，而主要是用 G92 指令来指定工件的坐标系。

3. 在对话框顶部的工具栏中单击【打开】按钮，从控制器安装路径中打开 GENERIC FANUC 5X MILL.mcam-control 控制器文件，如图 7-16 所示。

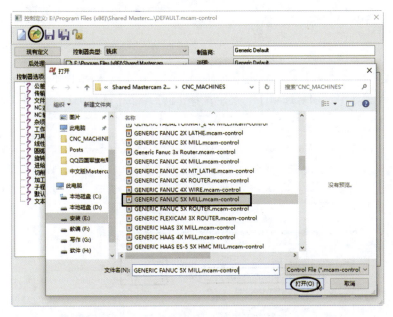

图 7-16

4. 单击【打开】按钮，弹出【控制定义自定义后处理编辑列表】对话框。单击【添加文件】按钮，从软件安装路径中打开 Generic Fanuc 5X Mill.pst 后处理文件，如图 7-17 所示。

> **提示**：在软件安装路径中，提供了 3～5 轴数控加工中心的 FANUC 后处理文件。目前 FANUC 控制系统的数控机床应用范围最广的是 3 轴。本例零件采用 4 轴或 5 轴数控加工中心均可进行加工。但在创建工序时默认选用的是 5 轴，所以这里选择 5 轴后处理文件，以便与工序保持一致。

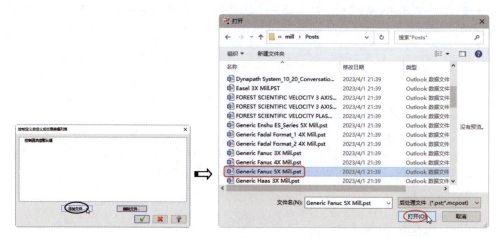

图 7-17

5. 在【控制定义】对话框的【后处理】下拉列表框中选择刚才添加的 FANUC 后处理文件，在【控制器选项】列表中选择【NC 输出】选项并进行修改，如图 7-18 所示。

> **提示**：行号是 NC 程序文件中每一行代码的编号，如 N100。是否需要行号，取决于代码内容的多少，代码多尽量不要行号，减少文字内容会减少内存占用。本例中勾选【输出行号】复选框，并非一定要行号，只是简要说明如何添加行号而已。

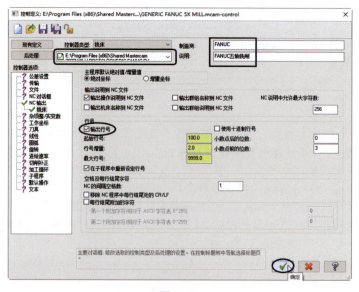

图 7-18

6. 其他控制器选项保持默认设置，单击【确定】按钮 ✓，完成控制器定义。

7.2.2 机床定义

机床定义要根据实际加工环境来进行，以便为后续的机床仿真和 NC 程序文件的输出提供真实有效的数据支持。

1. 在【机床设置】面板中单击【机床定义】按钮，会弹出一个警告对话框，忽略警告提示，勾选【不再弹出此警告】复选框，单击【确定】按钮 ✓，如图 7-19 所示。

图 7-19

2. 随后弹出【机床定义管理】对话框，在对话框顶部的工具栏中单击【浏览】按钮，从机床文件库中选择一个品牌的 5 轴数控机床文件：Generic PocketNC 5X Mill.mcam-control，单击【打开】按钮，如图 7-20 所示。

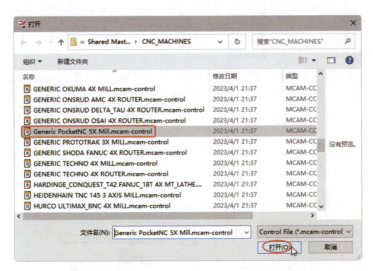

图 7-20

> **提示**：FANUC 数控系统能够和绝大多数机床匹配使用，只要用户选定了某种数控系统，机床厂家都会根据所选数控系统进行机床匹配，所以机床文件的选择就比较随意了。如果要精确选择机床文件，则取决于用户使用的机床品牌。此外，选择了机床后，便于后续进行机床仿真。

3. 在【控制器定义】选项组中单击【浏览】按钮，重新打开 GENERIC FANUC 5X MILL.mcam-control 控制器文件。然后在后处理文件的下拉列表框中重新选择 Generic Fanuc 5X Mill.pst 后处理文件，最后单击【确定】按钮，完成机床定义，如图 7-21 所示。

> **提示**：在控制器定义时选择的控制器文件并不能直接应用到当前的工序操作中，需要通过机床定义才能将控制器应用到操作中。

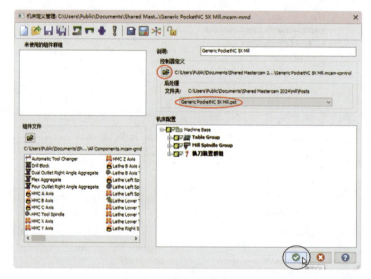

图 7-21

4. 机床定义完成后，在【刀路】管理器面板中看到机床属性更改的结果，如图 7-22 所示。

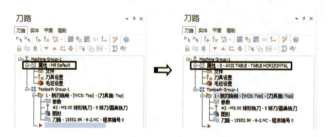

图 7-22

7.2.3 NC 程序文件输出

输出后处理文件也就是输出 NC 程序文件。

1. 在【机床】选项卡的【后处理】面板中单击【生成】按钮 G1，弹出【后处理程序】对话框。

2. 如果计算机与数控加工中心连着网络，勾选【传输到机床】复选框，可以直接传输到加工中心即时进行零件的铣削加工。如果还要对 NC 程序文件进行编辑，就取消该复选框的勾选，并勾选【编辑】复选框。

> **提示**：【后处理程序】对话框中的"NC 文件"是指在 Mastercam 中，用户创建的工序中的刀路原位文件。NC 文件是 ASCII 码文件，集中了加工所需的刀具信息、工艺信息及其他铣削参数信息等。默认情况下是不需要单独输出 NC 文件的。

3. 设置完各输出选项后，单击【确定】按钮 ✓，生成 NC 程序文件，如图 7-23 所示。

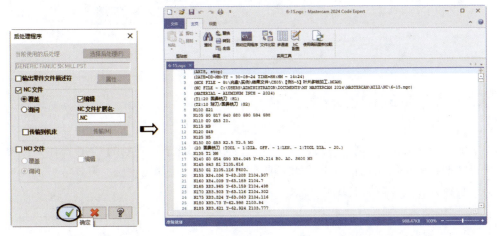

图 7-23

> **提示**：本例中以 FANUC 数控系统为例进行后处理输出，如果用户所使用的数控系统为其他系统（在 Mastercam 后处理文件夹中没有的），比如华中数控系统，那么就需要用户手动修改与你所使用的数控系统接近的后处理文件，以便符合实际需求。笔者向大家推荐一款"Mastercam 后处理编写器"小工具，在网络上可免费下载这个小工具。图 7-24 所示为该工具的操作界面。根据实际的 NC 代码来设置相关选项，设置完成后单击【导出后处理程式】按钮，将生成的 PST 后处理文件保存在 E:\Program Files (x86)\Shared Mastercam 2024\mill\Posts 路径（"E:"为软件安装盘符，后文不再说明）中随时调用。

第 7 章　Mastercam 机床仿真与后处理

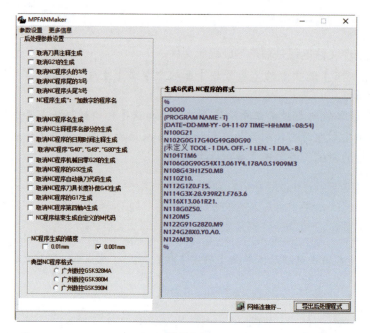

图 7-24

7.3　生成加工报表

加工报表就是我们常说的加工程序单。有了加工报表，现场的 CNC 操作人员就可以按照报表中给出的信息进行加工前的准备工作，比如机台号、刀具号、工件材料、装夹方式、铣削加工方式等。

> **提示**：Mastercam 中生成的加工报表是符合 ISO 标准的加工程序单。如果要定制符合国内厂家要求的加工程序单，可使用一些插件来实现，目前还没有一款符合 Mastercam 2024 软件版本的免费插件。有一款付费的插件，名为"MastercamX9–2024 程序单"，可以生成国内厂家常见的加工程序单，其内容简单且清晰明了。还有一款免费的插件，名为"Mcam2021 程式单"，仅适用于 Mastercam 2021，用户可安装 Mastercam 2021 搭配使用。

1. 打开本例源文件"叶片多轴加工.mcam"。在【机床】选项卡的【加工报表】面板中单击【创建】按钮，弹出【加工报表】对话框。
2. 在对话框中输入相关的常规信息，在对话框左下角单击【添加图像】按钮，弹出【图像捕捉】对话框。单击【捕捉】按钮，将绘图区中的图像自行拍照后并保存，如图 7-25 所示。捕捉的图像文件将自动保存在 E:\Program Files (x86)\Shared Mastercam 2024\common\reports\IMG 路径中。如果需要捕捉更多的图像，可先调整好各种视图状态，然后再捕捉。

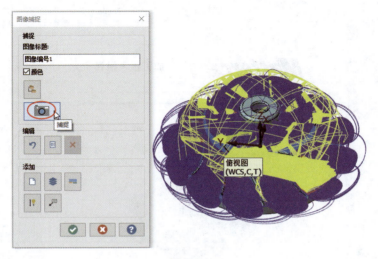

图 7-25

3. 确认【加工报表】对话框中填写的常规信息无误后，单击【确定】按钮 ✔，即可创建加工报表，如图 7-26 所示。

图 7-26

4. 以文档形式打开生成的加工报表，如图 7-27 所示。用户可将该文件保存为 PDF、RDF、HTML、RTF 等格式，方便打印和阅读。

图 7-27